Fabio Finocchiaro

INGEGNERIA DELLA MANUTENZIONE E GLOBAL SERVICE

Youcanprint *Self-Publishing*

Titolo | Ingegneria della Manutenzione e Global Service
Autore | Fabio Finocchiaro

ISBN | 978-88-91195-40-1

© Tutti i diritti riservati all'Autore
Nessuna parte di questo libro può
essere riprodotta senza il
Preventivo assenso dell'Autore.

Youcanprint Self-Publishing
Via Roma, 73 – 73039 Tricase (LE) – Italy
www.youcanprint.it
info@youcanprint.it
Facebook: facebook.com/youcanprint.it
Twitter: twitter.com/youcanprintit

L'ingegneria è la professione in cui la conoscenza delle scienze matematiche e naturali, acquisita attraverso lo studio, l'esperienza e la pratica viene applicata in modo razionale per sviluppare sistemi atti a sfruttare in modo economicamente conveniente la materia e le forze della natura a vantaggio del genere umano.
Accreditation Board for
Engineering and Tecnology
U.S.A.

Indice

7 *Prefazione*

11 *Introduzione*

L'Ingegneria della Manutenzione

15 Capitolo I
Manutenzione e Ingegneria

1.1. L'evoluzione della manutenzione nel tempo, *19* – 1.2. La funzione strategica della manutenzione, *24* – 1.3. I costi diretti e indiretti nella gestione della manutenzione, *28* – 1.4. Servizi e politiche di manutenzione, *36* – 1.5. L'Ingegneria Della Manutenzione (IDM), *43* – 1.6. IDM: il sistema informativo e i CMMS, *47* – 1.7. IDM: la programmazione dei costi e dell'efficienza, *55* – 1.8. IDM: processo e funzione, *63* – 1.9. Dall'IDM industriale all'IDM civile, *64*

Il Global Service

63 Capitolo II
Il Contratto di Esternalizzazione in Global Service

2.1. Cenni introduttivi al Global Service, *67* – 2.2. Il Contratto in Global Service, *72* – 2.3. Misura e valutazione del servizio, *91* – 2.4. I vantaggi del Global Service, *94*

Case Study

93 Capitolo III
La scelta per la manutenzione e la gestione del patrimonio immobiliare scolastico di una Amministrazione Comunale

3.1. Il progetto strategico e le norme di riferimento, *97* – 3.2. Il ruolo dell'Ente Pubblico, *101* – 3.3. La soluzione progettuale valida, *105* – 3.4. Valorizzazione delle risorse umane e vantaggi organizzativi, *114* – 3.5. Gli specifici interessi del Committente da inserire nel contratto in Global Service, *116* – 3.6. Quantificazione dei costi, *120*

Ingegneria della Manutenzione e Global Service

123 Capitolo IV
Determinazione del valore aggiunto dato dall'interattività tra IDM e GS

4.1. Determinazione del valore aggiunto, *127* – 4.2. Interattività e sinergia tra IDM e GS, *129*

137 *Conclusioni*

141 *Appendice A - Glossario*

155 *Appendice B – Riferimenti normativi*

157 *Bibliografia*

159 *Risorse biblio on-line*

Prefazione

Nella maggior parte dei paesi occidentali il momento di crescita, iniziato con la rivoluzione industriale, relativo alle produzioni edilizie nei centri urbani, sembra ovunque avviato, sia pure con modalità talvolta diverse, ad una conclusione. Oggi si profila una fase caratterizzata da realizzazioni immobiliari decentrate e concepite secondo uno schema che privilegia il ciclo di vita dell'immobile, con piani di manutenzione e gestione predefiniti. Ciò non è avvenuto in passato quando la crescita tumultuosa e a volte disordinata del costruito, non supportata tra l'altro da appropriate metodologie programmate di manutenzione, ha reso difficile la conduzione dei patrimoni immobiliari, anche in considerazione dei necessari adeguamenti normativi che nel tempo si sono succeduti.

Le attività di gestione, recupero e ripristino dei patrimoni immobiliari sono attualmente al centro di importanti e rapidi processi di evoluzione e trasformazione che stanno comportando cambiamenti organizzativi, gestionali e procedurali. L'introduzione di nuove metodologie sistemiche e di formule contrattuali innovatrici delinea mutamenti delle strutture degli attori coinvolti nel processo di amministrazione e manutenzione dei patrimoni edilizi. Infatti assistiamo, sempre più spesso, all'immissione nel settore delle costruzioni di riferimenti culturali di matrice industriale e di servizi evoluti. In questo scenario è ormai chiaramente emersa la necessità di poter disporre di un adeguato strumento per la progettazione del sistema di manutenzione, strumento oggi offerto da una vera e propria disciplina scientifica quale l'Ingegneria della Manutenzione (IDM). La percezione della Manutenzione come autonoma dottrina tecnica e della gestione è un fatto ormai consolidato; a questo consegue una crescente domanda di Ingegneria di Manutenzione, richiesta sia come funzione aziendale, supportata da fondamenti e complementi di economia, sia come capacità di dare risposte precise ad un complesso mix di problemi, tutti indistintamente accomunati dalla stessa necessità strategica.

Fenomeni come l'usura e il degrado degli immobili, siano essi di proprietà pubblica o privata, sono una condizione inevitabile ormai accettata e come tale da sempre presente in ogni realtà. Il degrado comporta nella sua manifestazione ultima l'inagibilità del fabbricato. Gli interventi dell'uomo, finalizzati alla prevenzione dell'usura e del degrado, portano alla formazione di una teoria della manutenzione. Le mutazioni e le evoluzioni storiche di questa disciplina sono state notevoli e oggi assistiamo spesso a forme gestionali e tecniche di manutenzione molto complesse.

Lo scenario manutentivo è attualmente oggetto di una vera rivoluzione concettuale: da una concezione tradizionale della manutenzione, considerata esclusivamente come costo, si è passati ad un'idea di manutenzione come attività orientata all'ottimizzazione e al miglioramento.

La manutenzione sul costruito è stata considerata per molto tempo come l'insieme delle azioni di carattere correttivo da intraprendere al fine di rendere quanto meno utilizzabile un immobile. Quindi l'intervento correttivo è stato visto come ciò che si deve fare quando sopraggiunge un problema dovuto alla vetustà o a un difetto costruttivo. In questa ottica è naturale associare la manutenzione ad un costo aggiuntivo da comprimere il più possibile. Un simile modo di operare porta a risultati poco efficienti; infatti interventi di ripristino hanno un peso rilevante nel bilancio, sia esso privato o pubblico, in termini di costo di riparazione, non utilizzo del bene, disservizi all'utenza, pericolosità, responsabilità verso terzi, ecc...

Oggi lo scenario dell'edificato urbano è in continua evoluzione e tende ad essere sempre più complesso e turbolento imponendo, sia nel settore privato quanto in quello pubblico, livelli di competitività elevati basati essenzialmente sulla capacità di interpretare rapidamente i cambiamenti e le richieste dettate delle norme, dalle regole imposte e da una percezione certamente diversa, rispetto al passato, dello standard abitativo, proiettando dunque il settore verso la qualità totale.

Prefazione

Con questi cambiamenti è naturale associare alla manutenzione un concetto nuovo in termini di operatività e di qualità. Per questo si è sviluppato un nuovo approccio alla manutenzione che prevede una pianificazione e quindi sposta le risorse da interventi sul singolo problema (quando questo accade) ad azioni preventive e/o migliorative.

La gestione bilanciata ed efficace della manutenzione deve garantire procedure e budget standardizzati. Da questa esigenza sono nate diverse forme contrattuali, che da sole però non risolvono i problemi legati al degrado e all'usura degli immobili. Occorre quindi fare molta attenzione a non incorrere nell'errore di ritenere la tipologia di contratto evoluto una garanzia di massima affidabilità, se questo non è supportato da un adeguato sistema di Ingegneria della Manutenzione con il quale interagire in perfetta simbiosi e sinergia.

Introduzione

Le finalità del presente testo sono l'attuazione della disciplina dell'Ingegneria della Manutenzione nell'applicazione di un contratto in Global Service, con una analisi reale che si concretizza in un Case Study riferito alla gestione del patrimonio edilizio scolastico di un Comune di dimensioni medio-grandi.

Questa scelta scaturisce dall'esperienza che ho personalmente maturato, in oltre venticinque anni, al Comune di Catania nella mia qualità di Responsabile Tecnico nel settore "Manutenzioni" ed in particolare nell'ambito della manutenzione degli edifici scolastici. Infatti la gestione manutentiva di un numero considerevole di plessi dislocati su tutto il territorio comunale, l'ingente numero quotidiano di richieste di intervento, i consequenziali sopralluoghi, l'eterogeneità degli interventi da eseguire, l'esigenza crescente di standard qualitativi sempre più alti (sia in fase di esecuzione dell'intervento, quanto in fase di erogazione del servizio), il continuo adeguamento normativo e soprattutto l'aspetto sicuramente più importante e cioè quello economico di contenimento dei costi e comunque di garanzia di un adeguato stato di conservazione del patrimonio edilizio scolastico, sono state le principali problematiche con le quali in questi anni mi sono cimentato.

Da questo scaturisce l'esigenza di applicazione di una disciplina quale l'Ingegneria della Manutenzione, che si configura come un insieme di conoscenze e competenze finalizzate a ottimizzare il costo totale di manutenzione che abbia come scopo la formulazione di azioni manutentive programmate, atte a rispondere con efficacia ed efficienza alle richieste dell'utenza e al controllo di gestione, ormai indispensabile nella Pubblica Amministrazione.

In tal senso una scelta organizzativa adeguata consiste nell'utilizzare contratti in Global Service, il cui scopo è l'affidamento da parte di un Committente (in questo caso l'Amministrazione Comunale) a un Assuntore (singola impresa, A.T.I., consorzio di imprese o società partecipata), per un periodo di tempo definito, del complesso delle attività manutentive, con la garanzia contrattuale della disponibilità a livelli prestazionali prefissati. Uno degli scopi del Global Service (in virtù della sua durata contrattuale), è il coinvolgimento dell'Assuntore nel mantenimento del valore dei beni nel tempo, garantendo nel contempo un'efficienza negli interventi e un livello di servizio predefinito, pena l'applicazione di penali o la risoluzione del contratto. Tra i vari modelli organizzativi adottati per la manutenzione, il Global Service è senza dubbio il più promettente, in quanto coniuga perfettamente il raggiungimento dei risultati richiesti con la razionalizzazione delle attività manutentive. Il contratto di Global Service, se attuato con scientifica applicazione, rappresenta un'evoluzione dell'offerta manutentiva molto vantaggiosa, favorendo da parte dell'Amministrazione committente il governo del processo di gestione. Ciò è largamente confutato in quelle realtà che da anni utilizzano e sfruttano tutte le potenzialità di tali contratti.

I temi di riflessione, soprattutto quelli di natura economico-gestionale, sono molteplici pertanto, nel presente testo ci limiteremo per quanto possibile ad approfondire maggiormente l'aspetto tecnico-applicativo, senza però tralasciare gli elementi più significativi dell'Economia applicata all'Ingegneria, in quanto il valore aggiunto sarà misurato attraverso la diminuzione del costo globale di manutenzione.

I contenuti principali del testo sono costituiti da elementi di Ingegneria della Manutenzione e Ingegneria Economico-Gestionale (Economia applicata all'Ingegneria), con un taglio applicativo reale che si configura appunto nella redazione di un Case Study, ipoteticamente riferito a una realtà costituita da una Amministrazione Comunale che governa una città di dimensioni medio-grandi.

Gli argomenti del testo sono stati suddivisi in tre macro fasi: una prima sarà dedicata alla manutenzione e all'Ingegneria della Manutenzione (Capitolo I), una seconda atterrà alla forma contrattuale del Global Service (Capitolo II) e una terza in cui verrà esposto un Case Study inerente la gestione del patrimonio immobiliare edilizio scolastico di un Comune (Capitolo 3). Tutti i dati analizzati nel Case Study sono reali e riguardano la municipalità di una città italiana, essi sono stati estratti ed elaborati, previa autorizzazione dell'Amministrazione Comunale detentrice di detti dati.

Nella prima macrofase, relativa alla manutenzione e all'Ingegneria della Manutenzione, viene inizialmente descritta l'evoluzione della manutenzione nel tempo, partendo dalle origini per giungere alle esigenze in campo produttivo delle prime aziende artigiane nel XVIII Secolo e proseguendo attraverso il successivo contributo in termini quantitativi di produzione edilizia relativo alla rivoluzione industriale, per arrivare ai nostri giorni e alle evolute forme e tipologie di manutenzione, sarà quindi delineata la funzione strategica che oggi ricopre l'aspetto del recupero, si analizzeranno i costi diretti e indiretti e verranno rappresentate le diverse formule gestionali applicabili. Segue un esposizione sul significato e sull'applicabilità dell'Ingegneria della Manutenzione (IDM), sull'intendimento di questa nella duplice veste di processo manutentivo e funzione, verranno quindi illustrati i metodi di programmazione e razionalizzazione dell'azione manutentiva nell'ambito dell'IDM e infine verrà approfondito un aspetto di attualità che è rappresentato dal trasferimento di procedure e metodi di manutenzione dal settore industriale al settore civile.

La seconda macrofase è interamente dedicata all'esposizione, all'analisi e al commento dei contratti in Global Service, in particolare verranno approfonditi gli elementi riferiti al significato del metodo di "servizio globale" e al relativo contratto (un modello di questo verrà integralmente riportato), seguirà una valutazione sull'applicazione del servizio e saranno illustrati i vantaggi derivanti dall'applicazione di un contratto di Global Service.

Nella terza macrofase sarà illustrato un Case Study di specifica applicabilità di un contratto in Global Service, riferito come già detto ad un Comune di medio-grandi dimensioni e comunque relazionabile a qualsiasi realtà pubblica o privata che ha l'esigenza di pianificare e razionalizzare la gestione del proprio patrimonio immobiliare, soprattutto se questo è cospicuo. In questa fase inizialmente si procederà all'approfondimento del progetto di riferimento, alla definizione del ruolo dell'Ente Pubblico in ordine alla gestione del proprio patrimonio immobiliare, verrà quindi esposta la soluzione progettuale ritenuta valida e saranno evidenziati i vantaggi organizzativi e di valorizzazione delle risorse umane. Seguirà una analisi sulle esigenze gestionali del Comune e sulla loro concretizzazione nel relativo contratto di Global Service, infine verranno quantificati i costi storici e quelli preventivati con l'applicazione del nuovo contratto.

Infine, nel quarto Capitolo del testo, verrà analizzata la valutazione del valore aggiunto ottenuta attraverso la diminuzione del costo totale di manutenzione, sarà esplicitato il concetto di interazione tra Ingegneria della Manutenzione e Global Service.

Capitolo I

Manutenzione e Ingegneria

1.1 L'evoluzione della manutenzione nel tempo

La manutenzione ha giocato sempre un ruolo importante nella vita dell'uomo fin dalla preistoria. Dal 3000 a.c. fino a quando è durata l'epoca dei faraoni, gli egizi affidavano il coordinamento manutentivo dei canali e delle dighe al nomarca[1], capo del governo provinciale e quindi uno dei loro funzionari più importanti. Nel Diritto Romano si trovano regole sull'esercizio della manutenzione, la cura dedicata alla rete viaria fu uno dei fattori chiave di successo. Nell'Impero di Oriente manutenzione e restauro erano largamente praticati. Durante il periodo Carolingio[2] e per tutto il medioevo la responsabilità della manutenzione era affidata al feudatario, al pari della difesa e della costruzione di opere pubbliche. All'alba della prima rivoluzione industriale, con la diffusione delle macchine, la manutenzione era affidata ad operai specializzati che rappresentavano l'élite dei salariati. Nella prima parte del novecento la manutenzione diviene funzione autonoma con un preciso "corpus disciplinare", finché nel 1963 l'OCSE[3] propone

---

[1] I nomarchi erano gli amministratori dei territori amministrativi in cui era diviso l'antico Egitto, chiamati in forma ellenizzata nomoi, generalmente appartenevano a classi sociali elevate: principi, nobili, ecc…
[2] Nel periodo Carolingio (VIII secolo d.C.), fu instaurato un sistema feudale che contribuì alla trasformazione e alla rinascita della città.
[3] La creazione dell'Organizzazione per la Cooperazione e lo Sviluppo Economico, da cui l'acronimo OCSE (Organisation for Economic Cooperation and Development - OECD in sede

una prima definizione, indirizzata al contesto industriale. Nel 1970, la manutenzione diventa "scienza della conservazione" con l'invenzione di un neologismo la Terotecnologia[4], cioè insieme di management e ingegneria.

Nonostante i limiti di questa visione, ben evidenziati dieci anni più tardi dall'Ingegnere Giapponese Seiichi Nakajima, il termine ingegneria afferma ciò che la manutenzione in realtà è sempre stata, fin da quando gli egizi dovevano regolare le piene del Nilo, ossia pratiche ingegneristiche finalizzate all'ottenimento di economie, quindi conservazione del valore, della prestazione a cui è destinato il bene, sicurezza e difesa dell'ambiente.

Ritornando al periodo rinascimentale è interessante ricordare, nel percorso evolutivo della manutenzione, che le prime forme organizzate di manutenzione strumentale e delle attrezzature, che precedettero l'avvento delle macchine con la prima rivoluzione industriale, si possono associare alla vecchia bottega artigiana. "L'artista" artigiano era l'unico responsabile del prodotto e quindi implicitamente ne controllava la qualità e la conservazione, compiendo dei controlli e attuando le azioni di manutenzione capaci di preservarne la qualità. Il know-how relativo veniva tramandato da padre in figlio garantendo così la continuità.

Questa forma "primitiva" di manutenzione ha subito una svolta decisa con l'avvento della rivoluzione industriale nella quale si dette importanza alla produzione quantitativa con il termine anglosassone product-out[5]. Si introdussero, quindi, metodi di meccanizzazione e suddivisione del lavoro che venne organizzato secondo i criteri di

---

internazionale), nasce dall'esigenza di dar vita a forme di cooperazione e coordinamento in campo economico tra le nazioni europee nel periodo immediatamente successivo alla seconda guerra mondiale.

[4] Con il termine Terotecnologia viene indicata dal 1970 la manutenzione stradale, diventata scienza della conservazione Terotecnologia. In sintesi si tratta di una disciplina che tende all'ottimizzazione dell'attività di manutenzione dei beni fisici di un'azienda per ridurre i costi d'esercizio.

[5] Nel decennio compreso tra gli anni '70 e '80 la qualità era considerata un costo e quindi le aziende operavano in logica di "product out", concependo prodotti e servizi sulla base di proprie valutazioni su cosa poteva essere appetibile da parte del mercato e stabilivano autonomamente i livelli di performance qualitativa accettabile dal cliente.

Frederick Winslow Taylor[6] (1856-1915) e applicati in maniera rigida nelle fabbriche di Henry Ford[7] (1863-1947).

L'obiettivo primario era quello di far sì che l'impianto producesse sempre al massimo delle sue capacità. La necessità del ciclo produttivo portò alla nascita di nuove figure professionali quali i progettisti, i programmatori, gli esperti delle varie fasi di fabbricazione e il manutentore, quest'ultimo visto come necessità per la conservazione ed il buon funzionamento delle attrezzature. Appare evidente una sostanziale differenza rispetto alla bottega artigiana nella quale la funzione della manutenzione era implicita per la qualità del prodotto, mentre nelle fabbriche orientate al product-out diventa una funzione esplicita. Appare altrettanto evidente la stretta connessione tra qualità e manutenzione. Inizialmente il controllo della qualità veniva fatto sul prodotto finito il quale veniva giudicato qualitativamente corretto o non corretto e quindi accettato o scartato; questa idea di qualità aumentava sia i costi che i tempi della produzione e comunque era poco utile quanto a possibili interventi di adeguamento mentre il ciclo produttivo era ancora in atto. Alla fine degli anni cinquanta incominciò a cambiare la "filosofia" dell'organizzazione produttiva la quale si focalizzò sulla valorizzazione dell'individualità al fine di motivare l'operatore, coinvolgerlo e istruirlo su specifiche competenze produttive. Nascono anche nuove tecniche come quella del Just in Time[8] e dell'informatizzazione e robotizzazione dei cicli di produzione attraverso i quali si sviluppa la Lean Production[9] e una più ampia flessibili-

---

[6] Frederick Winslow Taylor (20 marzo 1856 - 21 marzo 1915) fu un ingegnere industriale statunitense, iniziatore della ricerca sui metodi per il miglioramento dell'efficienza nella produzione (da cui il termine di "Taylorismo", in riferimento alla teoria da lui stesso elaborata).

[7] Henry Ford (30 luglio 1863 - 7 aprile 1947), ingegnere statunitense, fu uno dei fondatori della Ford Motor Company, società produttrice di automobili, ancora oggi una delle maggiori società del settore negli USA e nel mondo. Con lo scopo di contenere i prezzi dei beni prodotti attraverso la riduzione dei tempi di lavorazione, introdusse il sistema di lavoro della catena di montaggio

[8] L'idea del Just in Time si basa sul produrre al momento giusto, quando serve e non perché servirà, e questo al minor costo, eliminando gli sprechi e tutto ciò che non porta valore aggiunto. La Lean Production, letteralmente produzione snella, è la forma più attuale di produzione di origine nipponica che utilizza gli strumenti della qualità totale e del just in time.

[9] Il concetto base della Lean Production ritiene che la complessità è in sé un costo riferibile alle spese generali, occorre, dunque, riconsiderare in modo globale l'intero processo produttivo, coinvolgendo nel processo decisionale, fin dal primo momento, tutte le funzioni presenti in un'azienda.

tà produttiva come risposta ad un mercato mutato, più esigente e turbolento. Le aziende cambiano il loro atteggiamento e si orientano al cliente. Si afferma sempre più la concezione che il prodotto sia prima di tutto un servizio con l'obiettivo del mantenimento della qualità anche durante il vero e proprio uso.

Il controllo della qualità è ormai esteso a tutta l'azienda e principalmente, oltre alla produzione, all'organizzazione, agli approvvigionamenti e alla progettazione. A questo punto nasce l'esigenza di un processo manutentivo strettamente legato a quello produttivo ed applicato in maniera rigorosa e "scientifica".

Con lo sviluppo dell'informatica e con le maggiori possibilità di archiviazione dei dati, e quindi di accumulo della memoria storica, si creano le premesse per una migliore programmazione delle attività manutentive e per un razionale controllo esecutivo, in grado di assicurare qualità sicurezza e perciò affidabilità da conservare attraverso l'utilizzo costante di informazione e formazione.

L'applicazione del concetto di manutenzione, come specifica attività tecnico-economica si evolve quindi nel settore strumentale e delle attrezzature. Il proposito iniziale viene inteso come riparazione o sostituzione del singolo elemento costituente una determinata attrezzatura più o meno complessa. L'intervento manutentivo avveniva in un momento successivo al verificarsi di fenomeni di usura, degrado o mal funzionamento, che rendevano inutilizzabile l'attrezzatura.

Quindi i modelli per il mantenimento dell'efficienza delle attrezzature segnano l'origine delle politiche manutentive nel settore industriale, dal quale l'ambito delle costruzioni civili ha preso spunto per delineare tutti gli attuali aspetti di manutenzione del costruito. Risulta quindi utile approfondire tutte quelle tematiche di origine industriale, applicate inizialmente agli impianti produttivi ed alle fabbriche generatrici dell'idea dell'Ingegneria della Manutenzione, che oggi si configura ottimamente anche nelle costruzioni civili per la gestione dei patrimoni edilizi.

Appare evidente che l'evoluzione delle imprese e del mercato abbia fatto cambiare completamente l'approccio alla manutenzione, dalla condizione di sopravvivenza dell'attività dell' artigiano alla necessità esplicita di aziende con impianti produttivi sempre più complessi. Oggi, il ricorso a nuove tecnologie ed in particolare grazie all'informatica distribuita, facilita l'avviamento verso un'organizzazione ben preparata.

La nuova cognizione della manutenzione, al contrario del passato, è caratterizzata dal fatto che non è più subita come male necessario e non è più strettamente legata al singolo evento dannoso che si verifica.

Dunque la manutenzione grazie al suo iter evolutivo, da intervento sul singolo elemento quando si propone il problema, è ora integrata nella progettazione fin dallo stadio di concezione come del resto succede per la qualità.

Nell'ambito dell'edilizia civile esiste oggi l'obbligo di redigere in fase progettuale il Piano di Manutenzione, di conseguenza, il progetto esecutivo deve essere corredato da apposito piano di manutenzione dell'opera. Occorre quindi prevedere l'usura e il degrado per minimizzarne le conseguenze, si passa così, in maniera naturale, verso la ricerca dell'ottimizzazione del processo manutentivo sia in termini di efficacia sia in termini di efficienza. Dalla manutenzione correttiva, che interviene dopo l'evento causato dall'usura, si passa alla manutenzione preventiva che era dapprima sistematica, cioè effettuata seguendo uno scadenzario e dunque cieca, e che ora è su condizione o predittiva e tiene conto delle informazioni fornite da strumenti tarati sullo stato di certe caratteristiche o sull'evoluzione di certi parametri scelti per monitorare il degrado e l'usura dei materiali costituenti gli elementi costruttivi.

La Manutenzione Assistita dal Calcolatore è oggi molto diffusa, ma già si stanno sviluppando nuovi sistemi esperti dotati di diagnostica per permettere la formulazione di previsioni manutentive più efficaci. Questa evoluzione è rivolta, come già detto, all'ottimizzazione del processo manutentivo dal quale non si può prescindere per raggiungere una competitività su di un mercato diventato ormai caotico.

Negli ultimi anni si sono sviluppate alcune forme contrattuali di terziarizzazione della manutenzione tra le quali la più diffusa è sicuramente il Global Service di cui in seguito, nel successivo capitolo 3, si esporranno le caratteristiche principali.

1.2 La funzione strategica della manutenzione

Fin dalle origini, quando l'uomo giudicò conveniente riparare l'utensile di pietra usato per cacciare anziché gettarlo e provvedere costruirne un altro, la manutenzione si afferma come concetto "economico" che si contrappone ad uno "spreco". Quindi detto carattere "economico" assume la valenza di funzione strategica prima ancora che tecnica.

Oggi la variazione del mercato e l'aumento di concorrenza ha portato le aziende produttrici a dare valori economici a tutte le funzioni presenti al loro interno. Questa necessità ha avuto come conseguenza una estrema attenzione ai costi estesi a tutti i livelli: dalla riduzione dei costi di produzione, al mantenimento dei propri fabbricati e impianti, intesi come patrimoni indispensabili per la creazione di valore.

Anche la Pubblica Amministrazione deve necessariamente uniformarsi a tali principi economici, l'attuale scenario dei conti pubblici nel nostro Paese, sia al livello nazionale quanto a livello locale, impone rigide misure economiche nonchè di autofinanziamento e quindi la creazione di un valore aggiunto, grazie all'ottimizzazione di costi di gestione, dovrebbe chiaramente essere tra i principali obiettivi. In questo scenario la manutenzione assume una grande importanza, non solo dal punto di vista dei metodi e delle risorse tecniche, ma anche per l'aspetto gestionale; da una funzione vista solo come onere si trasforma in una strategica a cui è stata legata l'esigenza di gestire i beni immobili lungo l'intero ciclo di vita in termini di prestazioni, costi ed efficacia.

Riferendoci ai beni immobili il parametro più diffuso che permette di considerare l'intero ciclo di vita di una parte di questo, sia essa strutturale, impiantistica o finitura, è il Life Cycle Cost[10], questo costo è il totale cumulato dai seguenti elementi:

- costo di realizzazione della parte di fabbricato considerata (ad esempio le pavimentazioni), eventualmente scaglionato nel tempo, completato con il totale reale del costo del capitale impiegato, se questo è stato disponibile sotto forma di prestito (denominato A);
- costo cumulato di manutenzione corrispondente alla politica prevista (denominato M);
- costo cumulato di funzionamento (denominato F);
- costo totale della produzione (denominato V).

Trattandosi di costi cumulati, durante tutta la vita di esercizio è importante che questi costi siano espressi in moneta costante.

Il risultato cumulato del costo di esercizio in moneta costante al termine della durata di vita considerata (denominato R), ha dunque per valore:

$$R = V - (A+F+M)$$

detta formula considera il valore di rivendita nullo ovvero il caso in cui il bene viene considerato senza valore economico. Senza entrare in considerazioni economiche, riguardanti il tasso di attualizzazione e gli interessi sui prestiti, la formula scritta sopra può essere utile per decidere quando è conveniente eseguire l'intervento manutentivo.

Per far ciò dovremo avere a disposizione delle previsioni sui possibili andamenti per le variabili in gioco. Nell'ipotesi di un tasso di utilizzazione costante nel tempo, una stabilità di costi unitari di personale e delle forniture, così come dei ricavi espressi in moneta costante, i ricavi cumulati V e i costi cumulati di funzionamento F sono espressi da una retta. Diversamente i costi di manutenzione tendono ad aumentare sempre di più nel tempo, nella misura in cui l'affidabilità della parte dell'immobile considerata si degradi.

---

[10] La metodologia Life Cycle Cost (LCC) comunemente si propone di effettuare una valutazione complessiva di scelte di configurazione in cui venga considerato un orizzonte temporale esteso fino alla dismissione del bene. Inoltre, si propone di valutare non esclusivamente le determinazioni materiali (costi e benefici) legate alla realizzazione del bene e al suo utilizzo, ma tende a valutarne le implicazioni più generali, relative agli effetti, nocivi o benefici, che ricadono sul sistema complessivo in cui la realizzazione ha luogo e vita.

Con le ipotesi fatte, le variabili in gioco si potrebbero rappresentare come in figura 1.2.1, nella quale si è ipotizzato che l'andamento dei costi globali cumulati (A+F+M) sia quello rappresentato dalla curva $. La retta V dei ricavi interseca $ nei punti a e b, rispettivamente al termine dei tempi T_1 e T_2 nei quali il risultato cumulato R ha valore nullo.

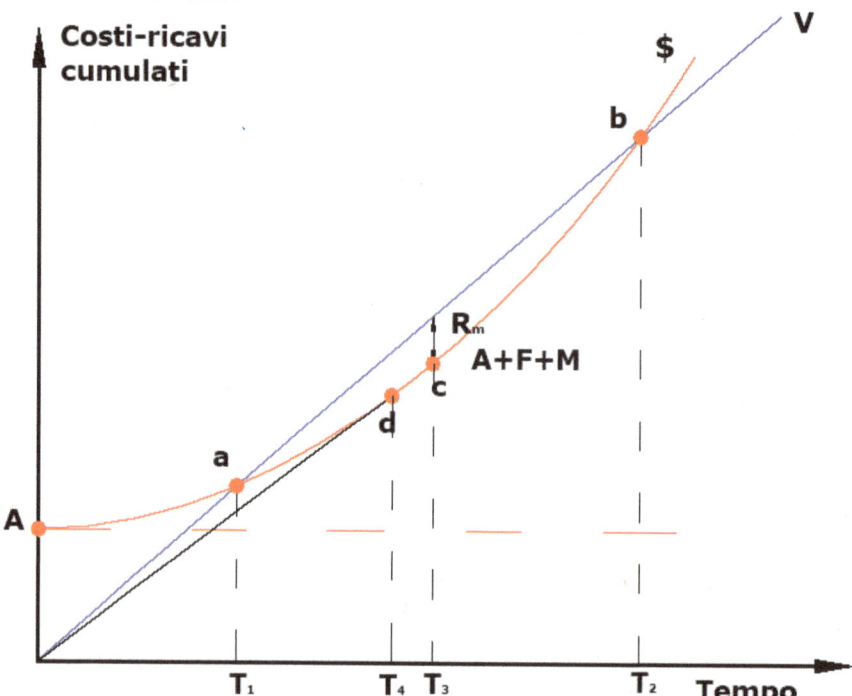

Figura 1.2.1: Diagramma Costi – ricavi in funzione del tempo

Altre zone di interesse nel grafico rappresentato in Figura 2.2.1 sono:
- Prima di T_1, il risultato cumulato R è negativo;
- Tra T_1 e T_2, il risultato cumulato è positivo;
- Dopo T_2, R diviene nuovamente negativo;
- Nel punto c il risultato cumulato raggiunge il suo valore massimo R_m, al termine del tempo T_3; Nel punto d di contatto tra la tan-

gente condotta all'origine alla curva $, al termine del tempo T_4, il risultato cumulato per unità di tempo è massimo.

Si potrebbe dimostrare che al termine del tempo T_4 c'è interesse a procedere con l'intervento preventivo di manutenzione, perché nel lungo periodo questa politica dà il risultato cumulato più elevato. Occorre notare che il punto d non dipende dall'andamento dei ricavi cumulati V, ma è univocamente determinato una volta che si conosce l'andamento della funzione $; questa proprietà risulta molto comoda data la difficoltà di prevedere con precisione i ricavi cumulati.

Con questa breve esposizione non si è voluto esaurire l'argomento riguardante il Life Cycle Cost, ma si è voluto fare un esempio per capire l'importanza strategica della manutenzione vista come una funzione di business.

La manutenzione delle costruzioni oggi richiede una ingegnerizzazione dei vari processi manutentivi, visti come legame di risorse umane, tecnologiche, economiche e sistemi, il tutto finalizzato al comune obiettivo di:
- ridurre i costi;
- garantire flessibilità in base alle esigenze;
- assicurare la conservazione degli immobili in un ottica di miglioramento continuo.

Il raggiungimento dei nuovi obbiettivi è compito dell' ingegneria della manutenzione (IDM), la quale non riveste più un'importanza esclusivamente tecnica, ma deve fare fronte anche ai problemi economici e quindi a risorse limitate le quali devono essere sfruttate nel modo migliore.

L' IDM., per ottenere il raggiungimento degli obbiettivi, deve rapportarsi alla ruota di Deming[11], che può essere adattata ed esplicitata come in Figura 1.2.2 alle nuove esigenze manutentive:

---

[11] La Ruota di Deming o Deming Cycle è un modello studiato per il miglioramento continuo della qualità in un'ottica a lungo raggio. Serve per promuovere una cultura della qualità che è tesa al miglioramento continuo dei processi e all'utilizzo ottimale delle risorse. Questo strumento parte dall'assunto che per il raggiungimento del massimo della qualità è necessaria la costante interazione tra ricerca, progettazione, test, produzione e vendita. Per migliorare la

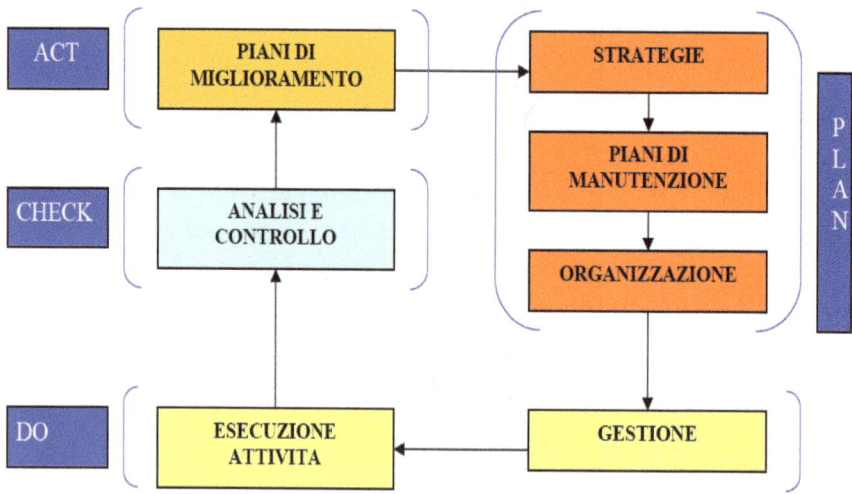

Figura 1.2.2: Ruota di Deming applicata al processo manutentivo

1.3 I costi diretti e indiretti nella gestione della manutenzione

Alla manutenzione è associato un Costo Totale di Manutenzione (C_{TM}), che rappresenta la somma dei Costi Diretti (C_{DM}) e dei Costi Indiretti (C_{IM}) di Manutenzione:

$$C_{TM} = C_{DM} + C_{IM}$$

I costi diretti attribuibili alla manutenzione sono:
- Personale / Manodopera;
- Spese generali;
- Materiali;
- Spese su servizi richiesti a imprese esterne.

Quelli indiretti sono:
- Costi dovuti alla mancata utilizzazione del bene immobile;

---

qualità e soddisfare il cliente, le quattro fasi devono ruotare costantemente, tenendo come criterio principale la qualità.

- Costi derivanti da azioni di terzi per l'inagibilità del bene immobile;
- Costi per capacità insufficiente ect...

Generalmente i costi indiretti sono associati all' inefficienza dell'immobile, nella pagina seguente in Figura 1.3.1 sono riportati gli andamenti del C_{TM}, C_{DM} e dei costi di mancata produzione intesi come costi dovuti alla mancata utilizzazione del bene immobile:

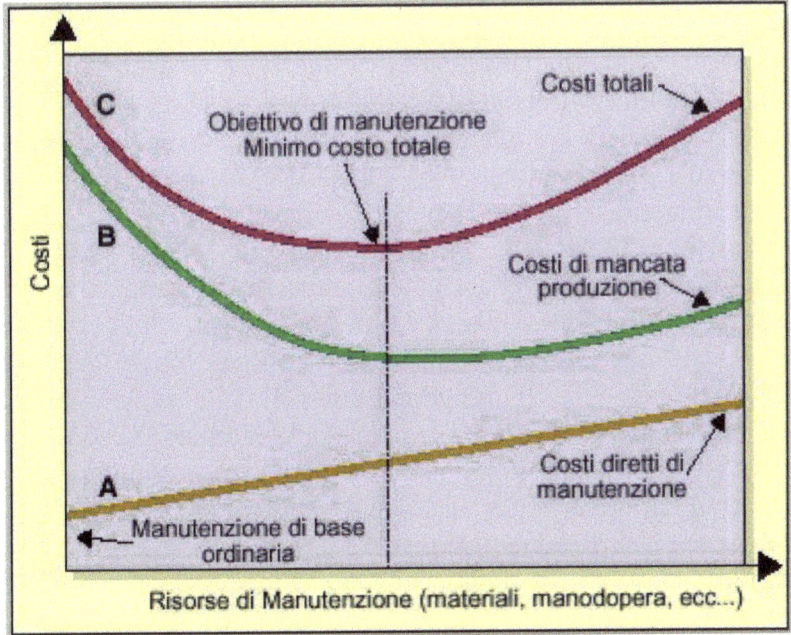

Figura 1.3.1 : Andamento dei costi in funzione delle risorse

Da una semplice analisi possiamo notare che, se le risorse manutentive sono al minimo, i costi di mancata produzione sono al massimo e di conseguenza il costo totale sarà anch'esso massimo, aumentando le risorse anche i C_{DM} aumentano, ma i costi di mancata produzione diminuiscono in misura superiore fino ad arrivare ad una combinazione dei due, dalla quale si ottiene un costo totale minimo.

Un ulteriore incremento delle risorse manutentive provoca un aumento dei costi totali dovuto essenzialmente alla necessità di fermare le attività dalle quali non riscontriamo nessun beneficio. Ottimizzare le attività e quindi le risorse diventa fondamentale per ottenere sia risultati economici sia risultatati tecnici. Avere a disposizione uno storico del patrimonio costruito, corredato da schede di analisi dello stato manutentivo, è un aspetto importante perché aumenta notevolmente le conoscenze e quindi la possibilità di elaborare strategie manutentive efficaci. Risulta pertanto fondamentale raccogliere informazioni inerenti lo stato di manutenzione, analizzarle e classificarle secondo procedure precise che permettano una consultazione chiara e inequivocabile.

Occorre quindi classificare i vari elementi costruttivi che costituiscono i fabbricati: il numero e le differenze tra i vari elementi rende necessaria una lista completa che può essere considerata strumento fondamentale per la manutenzione e la contabilità. Il miglior modo per ottenere ed organizzare questa lista è quello di seguire i principi della scomposizione funzionale, adottando la metodologia della Work Breakdown Structure (W.B.S.), letteralmente Struttura Analitica di Progetto, in cui vengono elencati tutti gli elementi che costituiscono un fabbricato nell'ambito di un patrimonio immobiliare. Nel settore privato gestionale le WBS vengono usate nella pratica del Project management e coadiuvano il project manager nell'organizzazione di tutte le attività di cui è responsabile. Una volta realizzata la check-list risulta opportuno implementarla nel sistema informativo di gestione della manutenzione. E' rilevante sottolineare che le priorità alle quali far riferimento non sono solo quelle tecniche, ma anche quelle economiche come ormai è indispensabile per le funzioni strategiche delle aziende.

Per quanto attiene alla gestione dei costi diretti, è opportuno stabilire le risorse manutentive che minimizzano il costo totale di manutenzione, quindi dopo aver assegnato a questa funzione aziendale un budget, occorre che queste siano gestite e monitorate affinché si riesca ad eseguire tutte le operazioni richieste senza un ulteriore impiego di denaro. Di seguito verranno illustrati alcuni semplici principi guida per la gestione dei costi diretti di manutenzione.

Il costo complessivo della manodopera è determinato dalla dimensione della forza lavoro, che deve essere stabilita in base alle ore uomo necessarie a compiere tutte le attività manutentive previste dal piano di manutenzione, dalle competenze richieste alla manodopera e dal layout[12] dell'azienda. Al fine di ridurre o controllare il costo suddetto, spesso si usa come parametro l'efficacia della forza lavoro. La gestione ha il compito di programmare le attività, schedularle e controllare ogni singolo lavoro. Solo attraverso l'applicazione metodologica di queste operazioni si riesce a ridurre i costi.

La gestione effettuata dalla funzione manutenzione assume una notevole importanza, infatti questa ha il compito di fornire la quantità richiesta al momento e al costo giusto. Occorre stabilire se un determinato materiale, necessario per eseguire uno specifico intervento manutentivo, debba essere tenuto in magazzino o debba essere approvvigionato solo in caso di realizzata necessità. Facciamo alcune considerazioni elementari su quali sono i fattori che determinano la decisione se tenere materiali o meno in magazzino, a priori possiamo dire ben poco circa la convenienza della scorta e quindi dobbiamo fare una serie di ipotesi di cui la prima riguarda il tipo di materiale in esame. Ad esempio se assumiamo che il rischio di degrado del rivestimento in marmo di una scala esterna di un immobile, durante il periodo di utilizzazione, sia basso ma non trascurabile, ma la cui usura e le relative conseguenze comporterebbero un costo P di indisponibilità molto superiore al costo p della scala stessa e supponiamo inoltre di aver stabilito, attraverso delle previsioni, la durata della vita N per il predetto rivestimento in marmo: la soluzione al problema iniziale cioè se è conveniente tenere scorte di soglie di marmo per rivestimenti di scale esterne, dipende essenzialmente da due fattori:

1. dalla probabilità $F(N)$ di usura durante gli N anni di vita del rivestimento in marmo;
2. dal costo annuale c di immagazzinamento espresso come percentuale del costo di acquisto delle soglie di marmo.

Si possono presentare due possibili situazioni, la prima corrispondente al caso che non si verifichi un'usura del marmo tale da rendere inagibile la scala nel periodo di utilizzazione e la chiameremo caso a; la seconda corrispondente all'eventualità che ci sia una un'usura tale del marmo da rendere inagibile la scala nel periodo di utilizzazione e la

---

[12] In economia, il layout è l'organizzazione e la configurazione di un dato magazzino, atto a minimizzare i costi e i tempi di produzione per avere il prodotto finito nei massimi termini del concetto di efficacia ed efficienza.

chiameremo caso b. Nella seguente tabella 1.3.2 è riportata un'analisi differenziale dei costi inerenti alle due possibilità appena descritte:

Politica scelta	Niente scorta	Scorta a magazzino
Caso a Nessuna avaria Probabilità: 1-F(N)	Costo = C_a = 0	Costo = C_a = p(1+ c x N)
Caso b Si verifica un' avaria Probabilità: F(N)	Costo = C_b = p + r + P	Costo = C_b = p(1+ c x N) + + (p + r)
Probabilità di costo: C_a(1-F(N)) + F(N)C_b	Costo C_{ns} = F(N)x(p + r + P)	Costo C_{sm} = p(1+ c x N) + F(N)(p+r)
Costo differenziale E	\multicolumn{2}{c}{E = C_{ns} - C_{sm} = F(N)P – p(1+ c x N)}
Probabilità F˙(N) che C_{ns} = C_{sm}	\multicolumn{2}{c}{F(N)˙ = (p / P)(1+ c x N)}

Figura 1.3.2 : Tabella per analisi differenziale costi

Se scegliamo di tenere scorte in magazzino si generano dei costi fissi dati dal costo di acquisto del materiale e dal costo del suo stoccaggio il quale dipende essenzialmente dal parametro, già introdotto, c. Per una stima sul periodo N si ottiene il valore C_a di tabella.

Se si verifica un'avaria, intesa come usura di un elemento costruttivo, la parte interessata, verrà recuperata immediatamente e quindi rimpiazzata la scorta, da cui un costo supplementare (p + r), dove r è il costo di intervento per il ripristino.

Se invece non si tengono materiali in magazzino, in caso di usura dell'elemento costruttivo, avremo il solito costo (p + r) visto nel caso precedente. A questo si aggiungerà il costo dovuto all'indisponibilità dell'immobile o a parte di essa, che abbiamo denominato precedentemente con la lettera P, generato dai tempi di attesa dovuti all'approvvigionamento del materiale.

Trovati i costi probabili per le due politiche in esame è interessante eseguire una analisi differenziale dei costi. La probabilità di avaria F(t), al termine del tempo t, è rappresentata da una curva avente concavità verso l'alto; lo stesso vale per il prodotto F(t)P. I costi di stoccaggio variano linearmente con il tempo, eseguendo un grafico si otterranno i risultati di Figura 1.3.3. Occorre fare una precisazione circa il prodotto F(t)P, rappresentato dalla curva (C) in Figura 1.3.3, in quanto questo non rappresenta un costo che cresce nel tempo bensì, il suo andamento, rivela che la probabilità che esso si concretizzi aumenta con l'avanzare dell' utilizzazione e quindi con il suo inevitabile degrado. I costi di immagazzinamento, rappresentati dalla curva (D), sono invece certi.

Il risultato dell'analisi differenziale E rappresenta, sempre in Figura 1.3.3, la speranza matematica di risparmio dovuta alla tenuta in magazzino dei materiali necessari alla manutenzione.

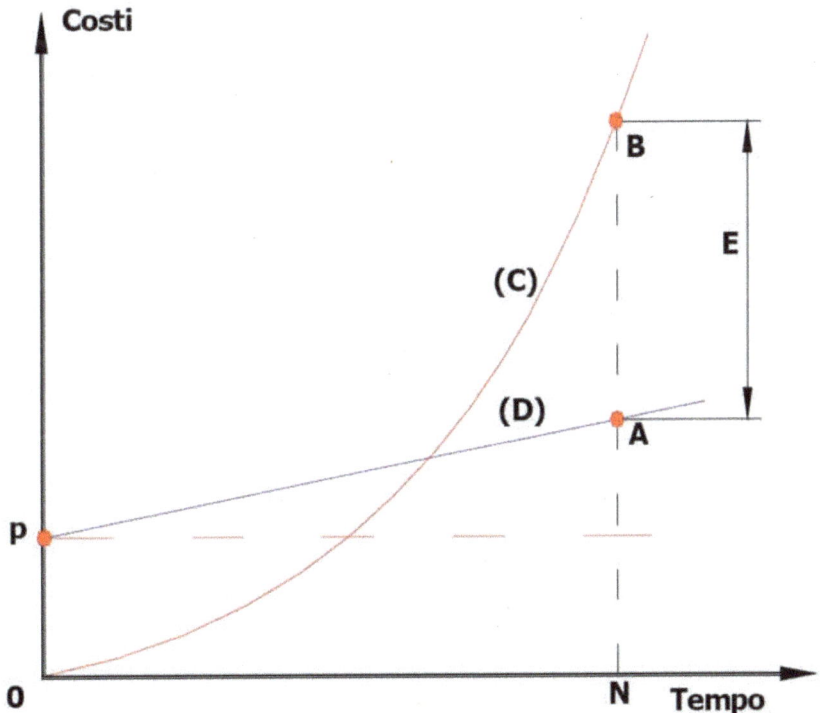

Figura 1.3.3: Andamento del costo di indisponibilità e del costo di stoccaggio in funzione del tempo

In pratica, per stabilire la politica da adottare si confrontano le probabilità F(N) e F*(N), definite in Tabella 1.3.2; se la prima è nettamente superiore alla seconda è consigliabile tenere la scorta, altrimenti è preferibile evitarlo.

Quando all'inizio della vita dell'immobile il rischio d'usura è molto basso si potrebbe pensare di posticipare lo stoccaggio in magazzino dei materiali necessari ai ripristini, ottenendo il risultato rappresentato in Figura 1.3.4:

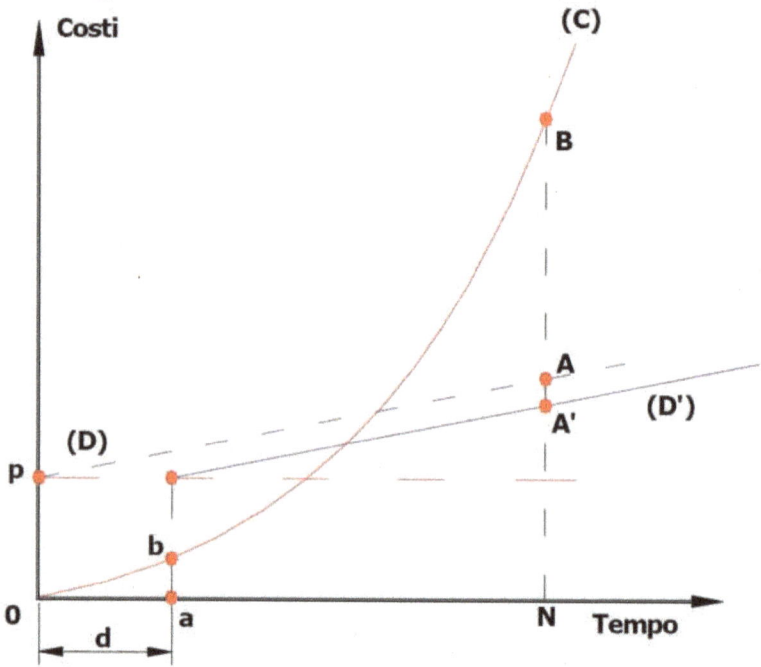

Figura 1.3.4: Andamento del costo di indisponibilità e del costo di stoccaggio in funzione del tempo modificato mediante il ritardo d

Rimandando di un tempo pari a d l'acquisto dei materiali per gli interventi di manutenzione, i costi di stoccaggio si trasformano nella retta (D') ottenuta dalla precedente (D), mediante traslazione verso destra di una quantità pari a d. La traslazione, come è visibile in Figura 2.3.4, produce un abbassamento del punto A che si trasforma in A' e il segmento AA' rappresenta l'economia del costo di stoccaggio, di valore pari a:

$$p(1 + c \times N) - p(1 + c \times (N-d)) = p \times c \times d$$

in sostanza viene rappresentata la differenza tra i valori delle ordinate dei due punti in questione. In realtà esiste un piccolo rischio di usura e quindi di non utilizzazione del bene durante il tempo d, la cui probabilità matematica del costo è rappresentata dall'ordinata della curva (C) calcolata nel punto d e pari, in figura, al valore del segmento ab. L'economia probabile realizzata è dunque uguale a:

$$AA' - ab = (p \times c \times d) - F(d)P$$

e raggiunge il suo massimo quando b corrisponde al punto di contatto della tangente condotta alla curva (C) parallelamente alla retta (D). Infatti facendo derivare la suddetta espressione in riferimento al tempo incognito e non rispetto al punto d che sarebbe una costante, otterremo:

$$d = (AA' - ab) / dt = (pxc) - F'(t)P = 0$$

che equivale ad imporre l'uguaglianza:

$$(p \times c) = F'(t)P$$

dalla quale emerge che il massimo si realizza quando si trova una tangente alla curva F(t)P che ha come coefficiente angolare lo stesso della retta (D) e cioè (pxc).

Come già detto, è fondamentale avere una buona stima di F(n) in quanto essa determina, assieme al costo di immagazzinamento (c), la sensatezza della decisione su che politica di stoccaggio adottare. Con questo si conferma la necessità di avere uno storico dell'edificio dal quale poter estrapolare previsioni che si basano su esperienze passate e su statistiche.

Un approccio al problema come quello appena esposto permette di risolvere casi elementari; nella realtà le considerazioni da fare sono molto più ampie e complesse e necessitano di un numero di parametri superiore.

1.4 Politiche di manutenzione

L'esigenza di procedure e strumenti disponibili per supportare la gestione tecnico-economica del patrimonio edilizio va sempre più rafforzandosi, anche in relazione alla crescente consapevolezza della convenienza economica e culturale delle politiche di manutenzione. Il verificarsi di situazioni frequenti di degrado avanzato e talvolta "irreversibile", sono spesso conseguenza di errate politiche manutentive in cui le risorse investite per la conservazione ed il mantenimento della qualità edilizia sono impiegate quasi esclusivamente per interventi a guasto avvenuto, in situazioni di emergenza. Inoltre, si sta consolidando sempre più l'esigenza di sviluppare una cultura globale del prodotto edilizio nell'ambito di una visione e di un controllo sistematico delle differenze fasi del processo edilizio. Sempre attingendo dalla cultura industriale, vengono di seguito elencate le principali classi di politiche manutentive, che opportunamente implementate possono benissimo essere adattate alla manutenzione del costruito. Si possono dividere in quattro categorie basilari:

1. *A Guasto;*
2. *Preventiva;*
    a) *Ciclica*
    b) *Predittiva*
3. *Migliorativa;*
4. *Produttiva.*

I costi e l'efficacia della manutenzione dipendono dalla corretta integrazione di queste quattro politiche, come rappresentato in Figura 1.4.1:

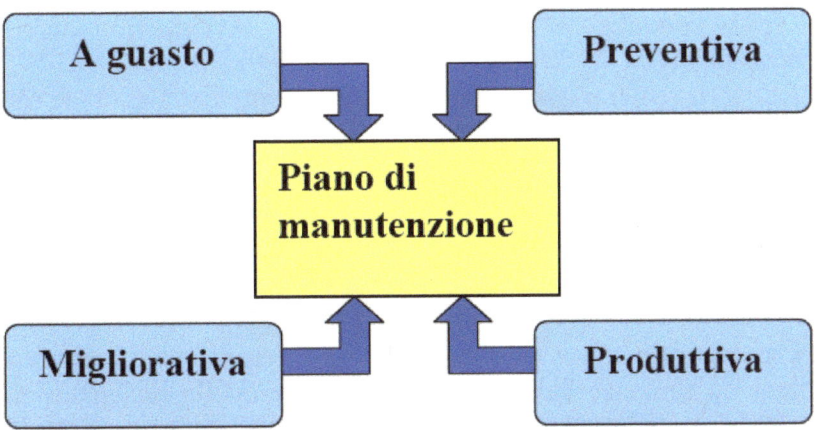

Figura 1.4.1: Le politiche manutentive

La *manutenzione a guasto*, cioè al momento in cui si verifica il danno che compromette la funzionalità dell'elemento costruttivo, è la forma più antica. Rappresenta il modo di intervenire più semplice e naturale, infatti l'azione manutentiva è innescata esclusivamente dall'evento di usura e degrado che genera l'inutilizzabilità. In questa politica manutentiva sono esaltate le capacità tecniche individuali del manutentore, che si concretizzano con il ripristino nel minor tempo e nel miglior modo possibile. Una tale politica, se applicata in maniera estesa e generalizzata ha delle notevoli carenze dal punto di vista organizzativo, tra cui:

- Nessun preavviso con relativi problemi di sicurezza e di successivo non utilizzo del bene immobile o di parte di esso;
- Non permette un utilizzo ottimale e programmatico delle squadre di manutenzione;
- Il magazzino per gli approvvigionamenti dei materiali per gli interventi manutentivi risulta sovradimensionato per limitare al massimo l'inutilizzabilità del bene immobile o di parte di esso.

La manutenzione a guasto può essere una soluzione valida solo se applicata a interventi con bassa criticità.

La *manutenzione preventiva* viene invece effettuata con l'obiettivo che si possa stabilire, con accettabile precisione, la vita media degli elementi costruttivi che compongono il complesso sistema edilizio e che si possa escludere l'evento che potrebbe causare l'usura e quindi il mancato utilizzo del bene immobile. Vengono così predefiniti determinati interventi manutentivi, in genere riparazioni, in funzione della vita attesa dell'elemento costruttivo stesso. L'utilità di eseguire un intervento, comunque oneroso, prima della cessata attitudine della parte a svolgere la sua funzione, consiste nella possibilità di programmare l'intervento in un momento in cui la sua incidenza economica sia minima. Tale concezione è stata quella prevalente negli anni '70 e con questa si è registrata una grande crescita culturale e organizzativa della funzione manutenzione.

La manutenzione preventiva, come già detto, può essere ciclica e in questo caso richiede una conoscenza statistica del fenomeno che causa la patologia dell'elemento costruttivo in modo da stabilire il periodo di intervento, che rimane costante nel tempo. Una volta individuato il periodo T di frequenza d'intervento preventivo questo può essere utilizzato nei due modi riportati in Figura 1.4.2 e cioè:

- A data costante quando l'intervento si ripete nel tempo senza prendere in considerazione gli eventuali interventi a guasto intermedi;
- A età costante quando nel caso di un intervento a guasto, questo viene preso come riferimento e il periodo viene conteggiato a partire dal quel momento.

In Figura 1.4.2 sono illustrati i due modi di applicazione della manutenzione preventiva:

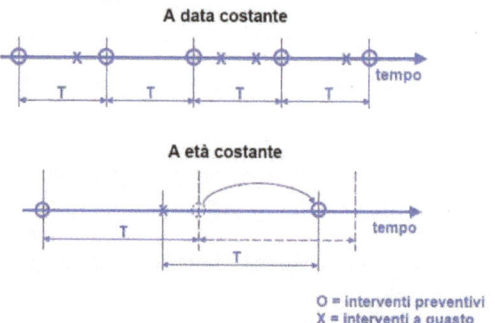

Figura 1.4.2: Manutenzione preventiva ciclica

Questa concezione di manutenzione però comporta un dispendio economico notevole e non sempre si ottengono i risultati sperati.

La *manutenzione predittiva* è un'attività su condizione, essa si fonda sulla circostanza che la maggioranza delle patologie non accadono istantaneamente ma si sviluppano lungo un periodo di tempo emettendo dei segnali i quali possono essere monitorati mediante strumentazione. Attraverso ispezioni ed analisi si cerca di individuare il reale problema e successivamente si pianificano una serie di interventi atti ad allungare la vita dell'elemento costruttivo in esame o se questo non è possibile si stabilisce una data utile per l'intervento di ripristino. Di fondamentale importanza è costruire un grafico simile a quello in Figura 1.4.3:

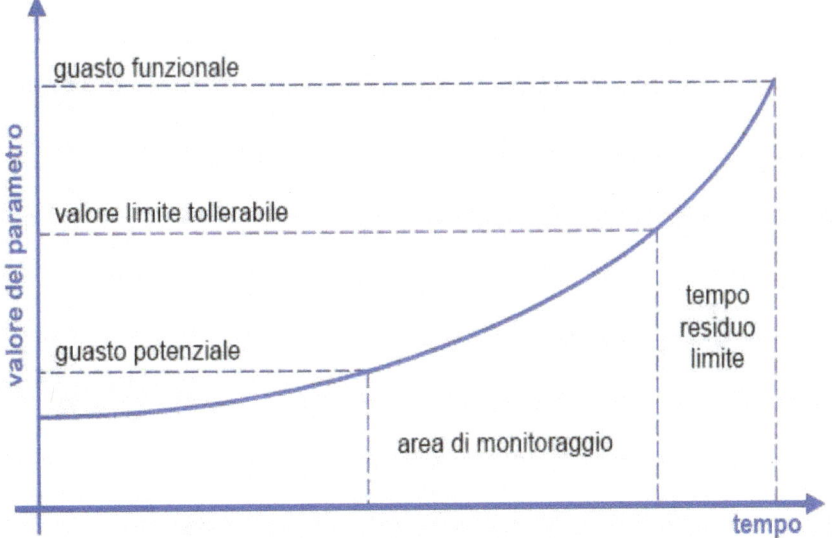

Figura 1.4.3: Monitoraggio del parametro

In questo caso si è stabilita una relazione tra il tempo, il valore del parametro scelto per il monitoraggio, così una volta rilevato attraverso ispezione il valore del parametro, individuiamo immediatamente la gravità e questo ci permettere di concentrare e orientare sforzi e risorse.

Facendo un confronto tra manutenzione preventiva, ciclica e predittiva, si nota che la prima è cieca, cioè non flessibile rispetto alle effettive esigenze e quindi molto dispendiosa in termini economici senza peraltro dare ottimi risultati a livello di disponibilità dell'immobile; per la seconda la situazione migliora in conseguenza del monitoraggio di parametri scelti per stabilire il degrado e quindi risulta più flessibile. Con la manutenzione predittiva si riesce a diminuire l'usura degli elementi costruttivi ed ottimizzare le scorte in magazzino anche se a seguito di questi effetti positivi, si riscontra un aumento dei costi diretti e delle attività.

Con la politica della *manutenzione migliorativa* si supera definitivamente la concezione della manutenzione intesa solo come riparazione o prevenzione del guasto. Si attua il miglioramento continuo cercando di realizzare modifiche atte ad allungare sensibilmente la durata degli elementi costruttivi dei fabbricati, con l'obiettivo di ridurre i costi propri e quelli indotti in termini di indisponibilità degli immobili e di limiti qualitativi.

Tale metodo necessità di una presenza importante dell'ingegneria all'interno della funzione manutenzione e di una gestione culturalmente avanzata e capace di assimilare e attuare proposte migliorative.

Seguendo l'obiettivo del miglioramento continuo si ottengono notevoli risultati, tra i quali quello di intraprendere azioni a basso costo ma di grande efficacia e, attraverso l'ingegnerizzazione, la possibilità di risolvere problemi ricorrenti.

La *manutenzione produttiva* si attiene a tutti i principi della migliorativa, ma aggiunge l'obiettivo del trasferimento di funzioni elementari di manutenzione al gestore dell'immobile egli, come conduttore del patrimonio edilizio, è la persona che meglio può rilevare ed interpretare in tempo reale i sintomi premonitori di una patologia manutentiva. Questo comporta la necessità di una maggiore professionalità degli addetti i quali devono essere motivati ed istruiti ad eseguire una manutenzione autonoma.

Le azioni di prima manutenzione, come ad esempio nel caso di coperture a falde le operazioni di pulizia delle grondaie e dei pluviali effettuate in maniera sistematica, sono un mezzo eccellente per tenere sotto controllo una anomalia ricorrente e cioè in questo caso quella derivante da infiltrazioni di acqua piovana dovute appunto al non idoneo funzionamento dei sistemi di deflusso, con conseguenze spesso gravi che possono intaccare anche le parti strutturali dell'immobile (infiltrazioni di acqua nei solai, nei cornicioni, nell'impianto elettrico, ecc...). L'operatore istruito può valutare se risolvere con i propri mezzi il problema o richiedere l'intervento dello specialista di manutenzione. La verifica dello stato della manutenzione autonoma viene effettuata mediante check list di controllo che vengono analizzate e confrontate con i piani di manutenzione preventivamente emessi i quali saranno, se necessario, modificati.

Attraverso lo scambio di nuove informazioni, la conseguente analisi, e nell'ottica del miglioramento continuo, la manutenzione produttiva ha come obiettivo quello della ricerca del mix ideale delle risorse da impiegare nelle quattro precedenti politiche manutentive. Per far ciò ci si basa principalmente su tre criteri di base:

- La fattibilità tecnica dell'ispezione;
- La relazione tra frequenza e gravità dell'anomalia;
- La relazione tra tasso di anomalia e costi:
- Costo globale dell'intervento ad anomalia;
- Costo globale dell'intervento preventivo;
- Costo della singola ispezione;

Per quanto riguarda il secondo criterio si prenda a riferimento la Figura 1.4.4, dove sono state tracciate delle linee tratteggiate che rappresentano il confine tra le varie politiche manutentive. Per esempio, se la frequenza e la gravità dei guasti, intesi come anomalie, sono molto elevati la migliore soluzione potrebbe essere la modifica progettuale. Al diminuire di questi parametri, come graficamente dimostrato nella di Figura 1.4.4, si scende fino alla manutenzione a guasto attraversando tutte le altre politiche manutentive.

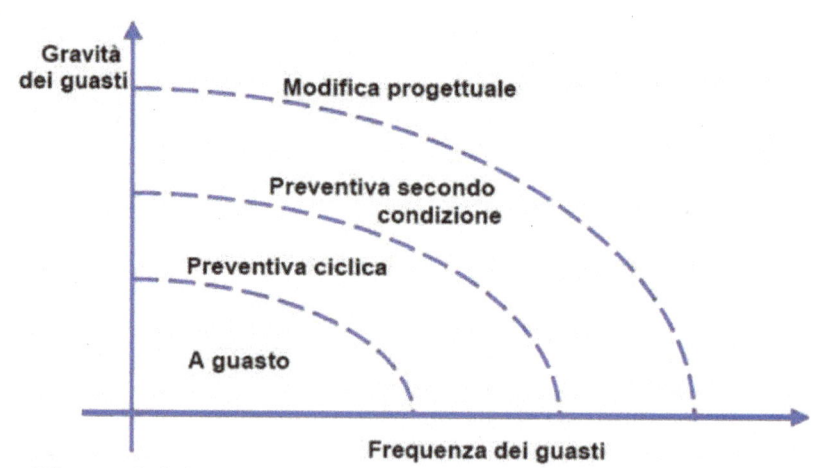

Figura 1.4.4: Relazione tra frequenza e gravità dei guasti

Per il terzo criterio si stabilisce una relazione tra il tasso di anomalia, che ha come tipico andamento nel tempo la bathtub curve[13], ed i costi inerenti all'intervento ad anomalia, preventivo e della singola ispezione.

Occorre precisare che tutti i dati usati nella scelta della soluzione ottimale devono essere aggiornati ed analizzati in maniera dinamica in modo, se necessario, da migliorare o adattare tale soluzione.

Nella seguente Figura 1.4.5 è riportata la tabella con le possibili soluzioni:

---

[13] Si ipotizza frequentemente che l'andamento del tasso di guasto per un oggetto nel tempo sia descritto da una curva come quella riportata in fig. 1.4.4, detta "bathtub curve" (curva a vasca da bagno) che riporta in ascissa il tempo e in ordinata il tasso di guasto.

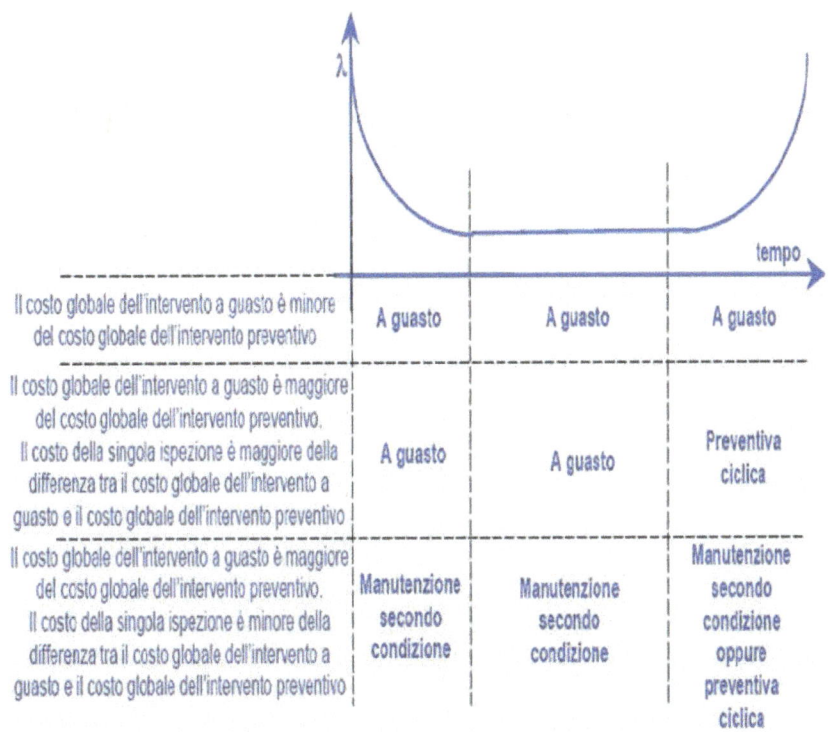

Figura 1.4.5: Relazione tra tasso di guasto e costi

1.5 Ingegneria Della Manutenzione (IDM)

Per quanto esposto nei paragrafi precedenti appare indispensabile fare ricorso a una specifica disciplina in grado di gestire ed implementare i concetti fin qui espressi. L'Ingegneria della Manutenzione (IDM), che si configura come "insieme" di conoscenze e competenze finalizzate ad ottimizzare il costo totale di manutenzione, rappresenta senza dubbio l'opportuna soluzione.

La primaria attività dell'IDM è la progettazione del sistema di manutenzione. Nell'ambito della Pubblica Amministrazione questa attività si esplica attraverso la definizione delle politiche di manutenzione più confacenti allo stato del patrimonio immobiliare e all'organizzazione dell'Ente proprietario.

La seconda attività è il controllo tecnico ed economico della manutenzione stessa, in particolare occorre eseguire una continua analisi delle patologie degli elementi costruttivi per scegliere le priorità di intervento progettuali e programmate della manutenzione, inoltre è opportuno controllare continuamente l'efficacia e l'efficienza dei piani di manutenzione adottati. Per espletare tale attività l'IDM. ha bisogno di gestire direttamente il sistema informativo della manutenzione, di cui deve curare anche lo sviluppo. Nel caso venga scelto di rivolgersi all'esterno per l'esecuzione di service di manutenzione specifici, l'IDM dovrà anche gestire i relativi contratti di manutenzione terziarizzata.

Altra attività dell'IDM è il miglioramento continuo del sistema di manutenzione, in termini di risorse umane e quindi di formazione tecnica. In tale ambito occorre promuovere soluzioni manutentive atte a incrementare la disponibilità degli immobili a scopo manutentivo, avvalendosi di strumenti come ad esempio come lo SMED[14], nel caso si voglia intervenire sui tempi di attesa dell'intervento manutentivo. Viene dunque promosso lo sviluppo dell'automanutenzione, riducendo i tempi di attesa di intervento.

Oltre a ciò l'ingegnere di manutenzione deve seguire anche l'acquisto e le specifiche tecniche per l'approvvigionamento dei materiali, in modo da favorire il processo manutentivo.

Il valore aggiunto dell'IDM si misura attraverso la diminuzione del costo globale di manutenzione grazie all'azione delle predette attività. Al fine di ottimizzare il costo globale (somma dei costi di manutenzione dovuti a manodopera e materiali ed i costi per mancata utilizzazione del bene dovuti a perdite di disponibilità, efficienza e qualità) l'Ingegneria di Manutenzione deve proporsi di:
    a) Progettare il sistema manutenzione definendo le politiche manutentive più adatte, le logiche di gestione dei materiali per gli interventi manutentivi, gli strumenti gestionali della manutenzione (come il Sistema Informativo) curandone anche lo sviluppo; altresì deve collaborare alla progetta-

---

[14] Lo SMED è una metodologia integrata nella teoria della Lean Production (cap.1, par.1.1), volta alla risoluzione dei tempi di attesa.

zione di nuovi piani di manutenzione, applicando gli stessi concetti detti prima, ricorrendo alla collaborazione di terzi per alcune o per tutte le attività manutentive e promuovendo lo sviluppo delle competenze professionali del personale manutentivo.
b) Controllare i parametri tecnici ed economici della manutenzione, attraverso l'analisi dei dati riferiti alle anomalie degli elementi costruttivi individuandone eventuali criticità, applicare correttamente i piani di manutenzione, verificare il trend del costo globale, analizzare i risultati ottenuti in seguito a modifiche degli elementi costruttivi e gestire al meglio eventuali contratti di manutenzione.
c) Migliorare la disponibilità degli immobili durante gli interventi manutentivi mediante soluzioni di manutenzione migliorativa e l'applicazione di nuove metodologie atte ad aumentare l'efficienza e l'efficacia degli interventi stessi, coinvolgendo anche il personale per sviluppare, ove possibile, l'automanutenzione.

Tutto ciò deve essere svolto senza trascurare gli aspetti legati all'igiene, alla sicurezza e all'ambiente, previsti dalla Normativa vigente.

L'obiettivo dell'IDM, come sostenuto precedentemente, è dunque la riduzione del costo globale di manutenzione, inteso nel suo significato più ampio, comprendente i costi di manutenzione "diretti" (manodopera e materiali) ed i costi di mancata produzione (perdite di disponibilità, efficienza, e qualità). Per ottenere questo risultato si procede attraverso un circolo virtuoso che contempla la progettazione della manutenzione, l'esecuzione del Piano di Manutenzione produttiva, il controllo delle attività attraverso il monitoraggio di indicatori chiave, l'analisi delle anomalie degli elementi costruttivi e la conseguente revisione del Piano nell'ottica del miglioramento continuo.

La progettazione del Piano di Manutenzione produttiva parte da un'attenta analisi del sistema attraverso la misura di indicatori ed utilizzando tecniche di analisi delle anomalie (FMECA Manutenzione). In questo modo è possibile progettare una politica di interventi di manutenzione correttiva, preventiva o migliorativa che ottimizzi la quantità dei materiali in stock in magazzino. Allo stesso tempo tale politica deve migliorare il valore degli indicatori che misurano la performance degli elementi costruttivi e quindi lo standard manutentivo degli immobili. Tale piano deve inoltre utilizzare al massimo le risorse umane a disposizione, valutando la possibilità di terziarizzare le manutenzioni che hanno un miglior rapporto costi/benefici o di estendere agli operatori, alcune manutenzioni di routine.

Tutte le attività dovranno essere svolte individuando dei parametri di riferimento per misurare i risultati. L'analisi e il monitoraggio costante dei parametri consentiranno di individuare e pianificare le azioni correttive, che dovranno essere opportunamente governate. Dalla verifica dei parametri si otterrà un feed-back dei risultati.

Le attività tipiche dell'IDM si possono suddividere in quattro gruppi:

1. *Progettazione / implementazione*, cioè partecipazione attiva in fase di progettazione per valorizzare l'aspetto manutentivo e la disponibilità, riducendo eventuali criticità che si potrebbero manifestare a seguito dell'utilizzo dell'immobile e che determinerebbero oneri imprevisti; l'integrazione nasce già dalla fase progettuale, poiché le scelte fatte in quel dato momento influiscono sui costi e sulle politiche di manutenzione.

2. *Progettazione / pianificazione*, cioè scelta delle politiche manutentive (compresa la scelta della terziarizzazione delle attività), finalizzata all'ottimizzazione del rendimento in ottica integrata; individuazione delle logiche di approvvigionamento dei materiali; scelta del sistema informativo, delle metodologie scientifiche e degli strumenti gestionali da utilizzare; partecipazione nei percorsi di sviluppo delle professionalità legate alla manutenzione.

3. *Monitoraggio e controllo tecnico ed economico* delle attività di manutenzione: analisi dell'efficacia, dell'efficienza e dei costi delle politiche manutentive adottate (sia interne che esterne); analisi delle anomalie degli elementi costruttivi e delle relative cause; verifica dello sviluppo professionale del personale.

4. *Miglioramento* mediante l'adozione di azioni correttive (sia come metodologie che come mezzi), al fine di aumentare la disponibilità degli immobili per gli interventi manutentivi con conseguente riduzione dei costi; promozione dell'attività di automanutenzione svolta dal personale addetto; analisi dei risultati del Benchmarking[15]; con interventi sulle modalità di esecuzione delle attività da parte del personale e sulle possibili modifiche al fine di aumentare la sicurezza e di rispettare gli adeguamenti normativi.

1.6 IDM: il sistema informativo e i CMMS.

L'evoluzione dei sistemi informatici e l'alta specificità da questi acquisita nel corso degli ultimi anni, costituisce un'importanza strategica, sempre più crescente nella gestione della manutenzione.

La *Total Productive Maintenance* (TPM) è un'attività che è stata studiata ed introdotta nelle aziende giapponesi negli anni sessanta ed è ormai riconosciuta in modo unanime come lo strumento più attuale ed efficace di gestione dei processi produttivi. Per realizzarla occorre procedere alla scelta e quindi all'implementazione di un Computer Managed Maintenance Systems (CMMS), ossia di un sistema complesso e spesso modulare di applicazioni software, opportunamente predisposte per gestire i dati relativi a tutte le voci che compongono la manutenzione e per trasformarli in informazioni esaustive, consistenti e tempestive per il management della manutenzione dell'azienda.

In una prima fase i sistemi CMMS sono stati impiegati per la manutenzione delle apparecchiature ospedaliere poiché guasti improvvisi avrebbero potuto originare situazioni critiche per la sopravvivenza stessa dei pazienti. Da questo settore ristretto si sono successivamente diffusi in tutti i settori della manutenzione, fornendo uno

---

[15] Il Benchmarking è una metodologia di confronto della performance che si è sviluppata presso alcuni gruppi industriali internazionali per rispondere alle forti dinamiche competitive degli anni '70.

strumento molto valido per incrementare produttività e ritorni economici.

La diffusione e l'adozione quasi universale delle norme ISO 9002, che contemplano espressamente l'uso di procedure standardizzate ed efficienti di gestione della documentazione, ha dato un ulteriore impulso alla proliferazione di un numero sempre maggiore di software commerciali più o meno sofisticati, che pur differendo tra loro anche in modo sostanziale, sono classificati universalmente come CMMS.

Questa tipologia di sistemi informativi si prefissa di raggiungere un numero quanto più possibile elevato di obiettivi come ad esempio, evidenziare le principali fonti di variabilità e la capacità di consentire l'individuazione delle criticità principali in modo da attuare politiche di miglioramento continuo. Un altro grande vantaggio è rappresentato dall'ausilio fornito alla gestione degli interventi di manutenzione e dalla intrinseca capacità di queste tecnologie di conservare in modo adeguato il patrimonio di conoscenze che si accumulano durante l'esercizio, il cosiddetto know how.

Attraverso Audit Aziendali[16] condotti negli ultimi dieci anni presso un numero piuttosto elevato di ditte italiane, si è rivelato che solamente la metà dei sistemi informativi acquistati sono effettivamente installati, utilizzati e funzionanti. La metà restante riguarda invece sistemi che sono stati acquistati ma che non sono mai stati implementati per l'accantonamento del progetto di informatizzazione della manutenzione. Inoltre, ammesso che il sistema informativo sia installato e funzionante secondo le specifiche iniziali, raramente il gruppo di lavoro incaricato della sua implementazione ne comprende la valenza in termini di cambiamento organizzativo.

L'importanza strategica che hanno assunto i CMMS rispetto a software usati in altri settori non sta tanto nell'organizzazione e pianificazione delle operazioni di manutenzione quotidiana, quanto piutto-

---

[16] L'Audit Aziendale è una figura selezionata tra le risorse umane dell'azienda che ha il compito di "fotografare" la situazione aziendale per le successive analisi di valutazione dell'impegno economico, tecnologico e umano. Inoltre le informazioni assunte dall'Audit sono utili per fare fronte all'impatto che nel suo complesso l'azienda esercita sull'ambiente con cui si rapporta.

sto nella flessibilità di questi software che permette l'inserimento nelle logiche dei processi aziendali senza stravolgerne l'essenza e nella capacità di accumulare e conservare conoscenze, cioè il predetto know-how, passo fondamentale per lo sviluppo e la competitività di un azienda, sia essa pubblica o privata.

Pertanto il software applicativo è solo un elemento del sistema informativo aziendale. Al suo interno sono definiti i ruoli degli operatori, le modalità con cui interagiscono e le procedure con cui devono essere svolti i processi manutentivi. L'acquisto del software deve essere contemporaneo alla revisione di questi processi ed alla razionalizzazione delle modalità (Business Process Reengineering, BPR[17]). L'ingegneria di manutenzione rappresenta in questo contesto il processo chiave per guidare le strategie manutentive, migliorare le prestazioni, formare la professionalità degli operatori, pianificare gli interventi manutentivi, coordinare e finalizzare l'impiego del sistema informativo.

La manutenzione tende perciò ad essere sempre più strettamente connessa all'informatizzazione, acquisendo una maggiore efficacia nel monitoraggio dei parametri del business (On Line Analytical Processing, OLAP[18]) e della diagnostica, un miglioramento dell'efficienza operativa e una maggiore integrazione del sistema informativo nel sistema aziendale.

Il modello Strategic Asset Management (SAM) di Strategic Assets management Inc. (SAMI), schematicamente rappresentato in Figura 1.6.1, fornisce un ottimo esempio di modello per la gestione globale della manutenzione:

---

[17] Con il termine Business Process Reengineering, BPR si intende un radicale intervento di ristrutturazione organizzativa, volto a ridefinire i processi aziendali, facendo leva sull'analisi del valore delle attività che li costituiscono. In questo modo è possibile misurare il reale valore che le attività (e quindi i processi) aggiungono all'organizzazione in termini di produttività.

[18] Il sistema On Line Analytical Processing OLAP è un insieme di tecniche software per analizzare velocemente grandi quantità di dati, anche in modo complesso. Questa componente tecnologica base serve, tra l'altro per analizzare l'andamento dei costi.

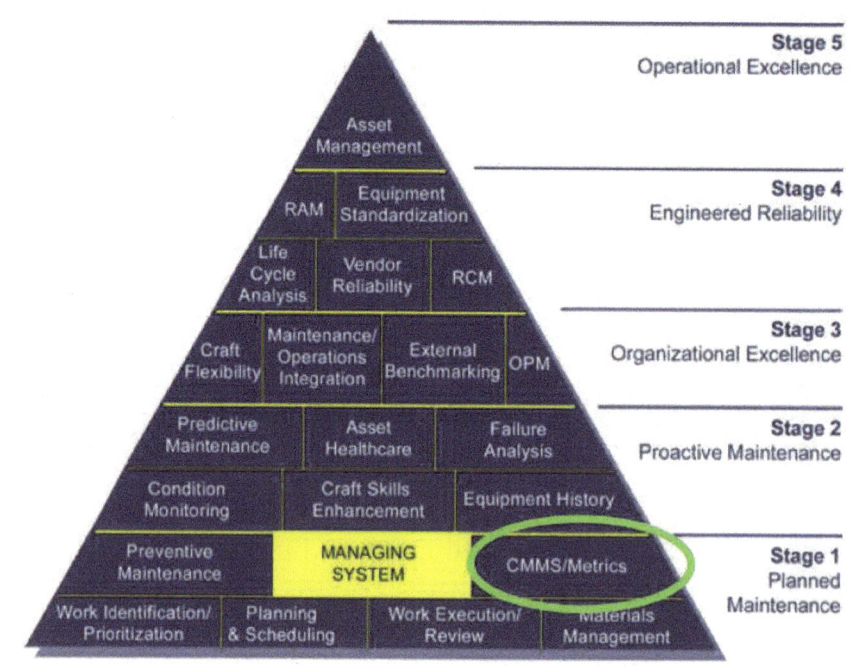

Figura 1.6.1: La piramide di SAMI

Si può notare che un management efficace è costituito da 5 fasi fondamentali, che conducono per passi successivi dall'implementazione della manutenzione preventiva all'obiettivo finale dell'eccellenza operativa.

Ciò che appare evidente è che ogni singola fase è la base su cui poggiano le successive e che i CMMS costituiscono effettivamente uno dei pilastri dell'intero sistema.

I guadagni derivanti da una buona implementazione di queste tecniche, almeno secondo quanto promesso dai produttori dei software, giustificano i rilevanti investimenti che si devono affrontare nella fase iniziale.

In molti casi si fa riferimento a periodi di recupero del capitale iniziale che non superano i tre anni e, in generale, ad una gamma più o meno vasta di benefici, tra i quali:
- incremento della produttività intesa come disponibilità degli immobili;
- riduzione del costo di lavoro diretto;

- miglioramento della pianificazione degli interventi manutentivi;
- incremento dell'affidabilità valutato nell'identificazione delle cause più importanti che generano le anomalie degli elementi costruttivi;
- miglioramento della gestione del magazzino materiali;
- riduzione del Dead-Stock[19];
- miglioramento del livello di sicurezza;
- miglioramento della qualità;
- miglioramento delle procedure di lavoro.

Ovviamente un CMMS, affinché possa raggiungere gli obiettivi sopra elencati, deve essere strutturato in modo tale da poter gestire e controllare tutte le attività collegate in qualche modo alla manutenzione, superando la concezione, obsoleta ma ancora fortemente radicata nelle realtà aziendali occidentali, che si tratti esclusivamente di un archivio informatico dei dati per la schedulazione degli interventi di manutenzione. In ogni modo, qualunque siano le promesse dei produttori di CMMS, il beneficio più significativo è quello di promuovere ed incoraggiare il perseguimento di buone pratiche di manutenzione (che rappresentano l'obiettivo della TPM).

Le procedure vengono così formalizzate ed organizzate per conformarsi ai requisiti del software, la gestione e la raccolta dei dati diviene rigorosa ed accurata, le informazioni che possono essere estratte dai dati storici accumulati sono più semplici e tempestive.

Tuttavia l'applicazione di sistemi informatici in ambito di IDM non ha mai assunto un ruolo prioritario e determinante, come è invece avvenuto per altri settori: la logistica, l'automazione industriale e la contabilità analitica, per fare alcuni esempi.

Questo lo si deve a diversi fattori:
- in molte aziende, ancora oggi, il sistema informativo è utilizzato soprattutto per consuntivare e ripartire i costi di manutenzione e per la gestione dei materiali, per gestire i

---

[19] Con il termine Dead Stock si intendono tutti quei materiali per i quali il livello di scorta non è mai sceso al di sotto di un certo valore in un determinato intervallo di tempo (generalmente due anni); gli articoli che sono stati identificati perché presentano una scorta eccessiva devono subire una riduzione del livello di riordino.

lavori di officina. Molto più raramente è utilizzato per il monitoraggio ed il miglioramento delle prestazioni, e tanto meno è orientato alla riduzione degli sprechi;
- la maggior parte delle risorse sono state impiegate per lo sviluppo della funzione manutenzione a livello organizzativo, trascurando l'importanza dei processi basati sulle tecnologie informatiche;
- la manutenzione è un processo caratterizzato da un intenso impiego di manodopera per sua natura flessibile, in questa concezione il lavoro di gruppo, la motivazione, la polivalenza, l'autonomia sono "valori" più importanti rispetto al maggiore livello di coordinamento consentito dall'applicazione dell'informatica.

D'altra parte, il sistema informativo può dare un valido contributo alla riprogettazione della manutenzione. Per consentire questo tipo di applicazione, quest'ultimo deve essere modulare, orientato alla gestione della manutenzione, alla individuazione delle anomalie e dei segnali deboli, al monitoraggio delle prestazioni. A questo scopo stanno diventando fondamentali le tecnologie basate sull'utilizzo del web e delle reti locali o globali, che consentono facili collegamenti fra customer care[20], riducendo contemporaneamente le distanze ed il tempo.

L'evoluzione manutentiva ha avuto come conseguenza un cambiamento radicale nella cultura con cui si adempie a questa funzione strategica; da politiche manutentive eseguite esclusivamente nel momento in cui si presenta l'anomalia dell'elemento costruttivo, dove la soluzione e l'analisi del problema partono una volta che questo si è concretizzato, a politiche preddittive e migliorative, nelle quali si cerca di prevenire il guasto non pianificato. Si è passati quindi da una cultura reattiva ad una proattiva.

Una decisiva spinta verso questa evoluzione è stata data dal progresso informatico che ha aumentato la capacità di accumulare dati ed informazioni. Il Sistema Informativo di Manutenzione (SIM) è uno dei principali strumenti per la gestione dell'intero processo manutenti-

---

[20] Il servizio definito customer care ha l'obiettivo di garantire la massima soddisfazione dei rapporti tra l'ambiente esterno ed interno di una azienda e di conseguenza quello di fornire prodotti, soluzioni e servizi di elevata qualità.

vo in quanto registra e rende disponibili le informazioni, gestisce le attività e supporta l'utente nell'esecuzione delle operazioni secondo le politiche manutentive e le regole gestionali stabilite, rispecchia i criteri e le metodologie dettate dall'ingegneria di manutenzione attraverso le specifiche di standardizzazione, i cicli di lavoro e le procedure. Inoltre implementato in modo opportuno ed accompagnato da procedure di utilizzo, guida l'intero processo di gestione dei lavori dalla manifestazione dell'esigenza manutentiva fino alla soluzione e alla registrazione del feedback, permettendo di ottenere una reportistica mirata all'analisi degli indici tecnici, economici e gestionali. La quasi totalità delle attività viene gestita attraverso un documento, chiamato ordine di lavoro, nel quale sono riportate informazioni tecniche, economiche e gestionali. Una volta terminata l'attività il relativo ordine di lavoro viene chiuso e va ad arricchire lo storico dell'impianto, permettendo così successive analisi statistiche e reporting.

Nei precedenti paragrafi è stata sottolineata più volte l'importanza del costo di manutenzione, sia come parametro da contenere entro i limiti prefissati, sia come indicatore dell'andamento del processo manutentivo. Per analisi più dettagliate si usano comunemente altri indici, con i quali possiamo raccogliere informazioni più specifiche riguardanti vari aspetti tra i quali quelli economici, quelli tecnici e quelli organizzativi. Detti indici risultano fondamentali nello scambio di informazioni tra Committente e Assuntore i quali possono usufruire di dati numerici per le loro valutazioni. L'analisi e il controllo della situazione tecnica, economica nonché gestionale garantirà l'innesco del processo di miglioramento continuo.

In Figura 1.6.2, si riportano a titolo di esempio gli aspetti, qui definiti indici, che più si riscontrano nella pratica comune: Questi indici assumono un'importanza vitale nell'ambito dei contratti di Global Service, quantificando e fotografando la situazione manutentiva.

KEY PERFORMANCE INDICATORS

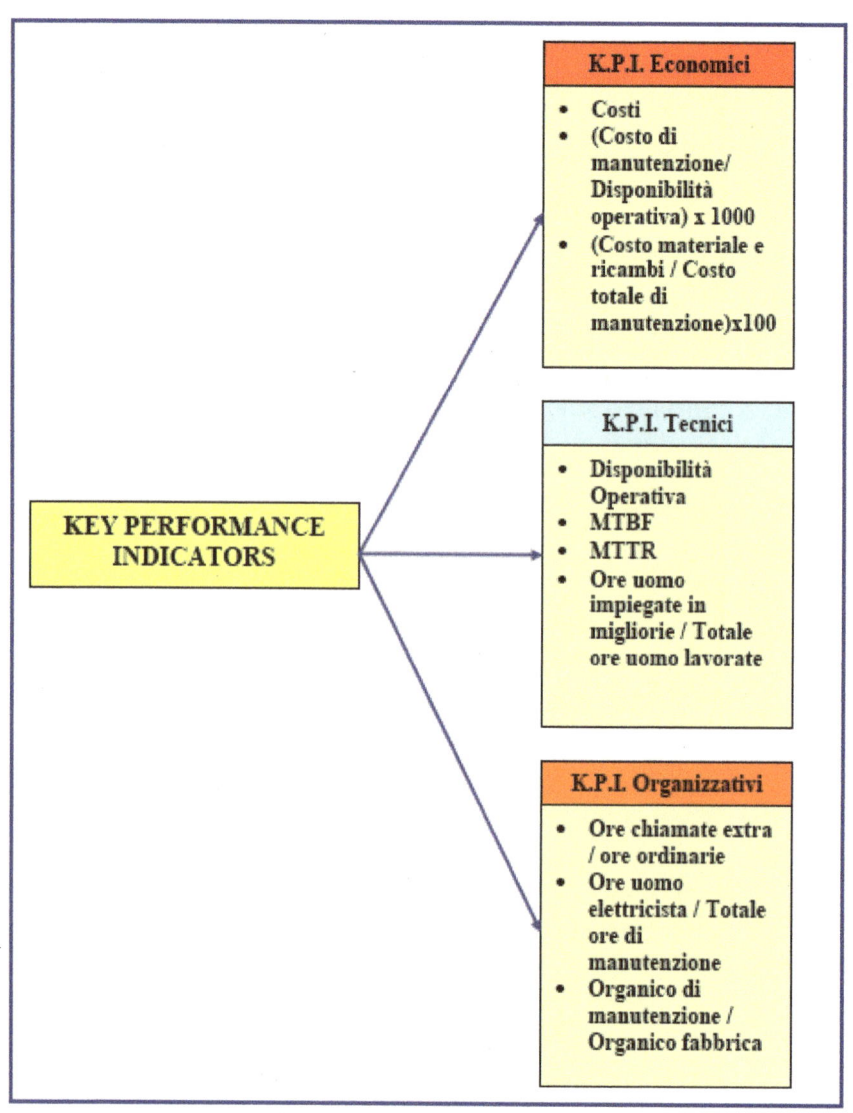

K.P.I. Economici
- Costi
- (Costo di manutenzione/ Disponibilità operativa) x 1000
- (Costo materiale e ricambi / Costo totale di manutenzione)x100

K.P.I. Tecnici
- Disponibilità Operativa
- MTBF
- MTTR
- Ore uomo impiegate in migliorie / Totale ore uomo lavorate

K.P.I. Organizzativi
- Ore chiamate extra / ore ordinarie
- Ore uomo elettricista / Totale ore di manutenzione
- Organico di manutenzione / Organico fabbrica

Figura 1.6.2: Key Performance Indicators

La manutenzione dunque, nell'ottica ingegneristica, è uno strumento per aumentare la capacità produttiva, l'efficienza e la competitività, è una funzione aziendale da non considerare come generatrice di costo ma bensì come un vero e proprio investimento volto, nel tempo, a ridurre concretamente e visibilmente le spese di gestione.

1.7 IDM: programmazione dei costi ed efficienza

Nella tradizione imprenditoriale e professionale legata al settore delle costruzioni, nel nostro Paese, l'attenzione è da sempre concentrata sull'attività progettuale e realizzativa, sia che si parli di una iniziativa di modeste dimensioni o alla realizzazione di un complesso di notevole entità.

Il mercato, fino a pochi anni fa, si accontentava di un processo che vedeva protagonisti tecnici ed imprese fino alla fase di collaudo, slegandone il coinvolgimento nelle decisioni relative alla vita, più o meno lunga, del bene costruito. Da qualche anno il mercato, in seguito a precise indicazioni legislative contemplate nella Legge Quadro 109/94[21] e facendo esplicito riferimento a prassi in uso in altri Paesi (in prevalenza USA, ma anche Inghilterra, Francia e Germania), ha spostato la propria attenzione sulle problematiche legate all'intera vita dell'edificio e dunque alle necessarie attività di manutenzione, di gestione e soprattutto ai relativi costi. A questo si aggiunge un significativo cambiamento della domanda di edifici/immobili, sempre più spesso rappresentata da imprese o da investitori istituzionali, comprensibilmente interessati a conoscere non solo il costo di costruzione o il prezzo di acquisto, ma il costo previsto per la conduzione dell'edificio e il complesso di attività necessarie a mantenerne costante il livello funzionale e qualitativo, come rappresentato graficamente nella seguente pagina in Figura 1.5.1:

---

[21] La Legge Quadro dell'11 febbraio 1994, n.109, in materia di lavori pubblici, si ispira a criteri di qualità. efficienza ed efficacia, secondo procedure improntate a tempestività, trasparenza e correttezza, nel rispetto del diritto comunitario e della libera concorrenza tra gli operatori.

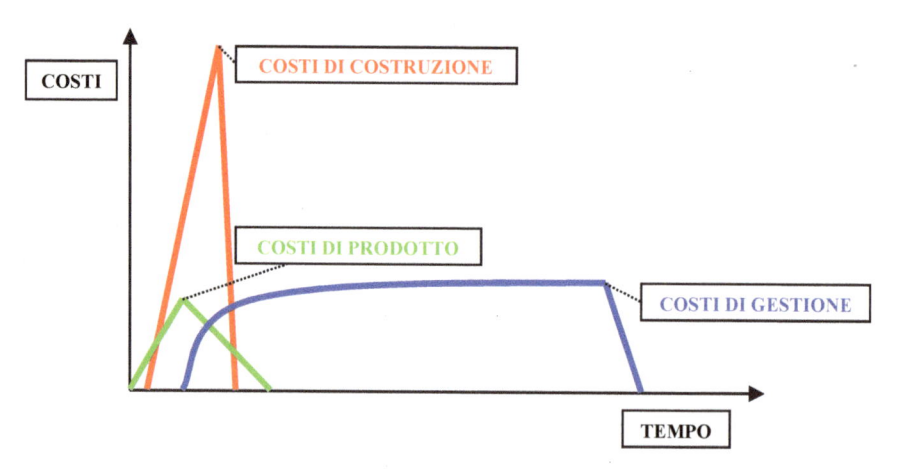

Figura 1.7.1: rappresentazione delle diverse fasi di vita di un edificio e l'andamento dei relativi costi.

Divengono dunque essenziali: l'impostazione di nuovi processi, la diffusione della cultura della qualità applicata all'ambito manutentivo, l'adozione di strumenti innovativi per il trattamento dei dati e delle informazioni.

Nella cultura anglosassone l'attenzione al controllo dei costi, con l'obiettivo di ottenere la migliore performance immobiliare, ha portato alla diffusione di sistemi informativi per il controllo degli impianti tecnologici e la corretta applicazione della manutenzione programmata.

E' dunque il mercato che ha di fatto guidato e determinato l'innovazione tecnologica. Infatti la performance immobiliare per un investitore è rappresentata dai profitti, questi derivano dal rapporto tra i ricavi (i canoni di locazione) e i costi (di gestione/manutenzione). L'applicazione di una opportuna politica manutentiva consente di controllare i costi, con una diretta implicazione nel flusso di cassa derivante dall'investimento.

A questo proposito, la moderna gestione del costruito può prendere spunto da alcune tecniche di ingegneria della manutenzione, da strumenti metodologici e tecniche gestionali adottate dal mondo della produzione industriale, che possono contribuire efficacemente al raggiungimento degli obiettivi di affidabilità, sostenibilità tecnica ed economica, nell'obiettivo di un incremento della qualità complessiva. Nella seguente Tabella 1.7.2 viene rappresentata la suddivisione dei costi di costruzione e di manutenzione di un edificio per uffici (Fonte Deutsche Bank).

ATTIVITA' DI MANUTENZIONE	INCIDENZA SUI COSTI DI COSTRUZIONE %	INCIDENZA SUI COSTI DI MANUTENZIONE %
Sistemazioni esterne	4	3
Attrezzature	4	11
Impianti elettrici	12	13
Impianti antincendio	3	0.25
Impianti climatizz.	16	21
Impianti idrosanitari	5	16
Impianti sollevamento	5	4
Finiture interne	15	19
Copertura	1	1.50
Involucro edilizio	12	10
Struttura	20	1.00
Fondazioni	3	0.25

Tabella 1.7.2: suddivisione dei costi di costruzione e di manutenzione di un edificio per uffici

Tecniche come l'Analisi del Valore, la Failure Mode Effect Analysis (FMECA), la Reliability Centered Maintenance (RCM) e la Total Product Maintenance (TPM), sono metodologie appilcate di ingegneria della manutenzione, concepite appunto nel settore industriale dei grandi impianti e che possono essere opportunamente utilizzate nell'ambito del costruito.

La tecnica dell'*Analisi del Valore* nasce nel corso della seconda guerra mondiale quando Lawrence Miles, ingegnere della General Electric, non avendo a disposizione alcuni materiali e prodotti necessari alla produzione, fu chiamato a trovare delle alternative che esplicassero la stessa funzione. A seguito del modello di analisi sviluppato, verificò che alcune alternative si rivelavano più efficaci non solo in termini di prestazioni ma anche di costo e, anzi, spesso portavano a miglioramenti apprezzabili. Negli anni successivi l'industria manifatturiera americana adottò questo tipo di analisi per la selezione degli approvvigionamenti, poi seguita dal Giappone e dall'Europa, a partire dagli anni '60. In quel periodo gli Stati Uniti applicarono l'analisi del valore al settore delle costruzioni. Un altro processo che caratterizza questa metodologia è quello della Value Engineering, letteralmente ingegneria del valore. Essa rappresenta un insieme di tecniche e di valutazioni che vengono svolte in fase progettuale, con lo scopo di portare ad una complessiva riduzione dei costi di realizzazione di un'opera. Questa analisi può riguardare le scelte progettuali, dei materiali, delle tecnologie adottate, evidenziando le caratteristiche di soluzioni alternative.

La *Failure Mode Effect Analysis*, FMECA, è una metodologia applicata da tempo in ambito industriale, altrimenti definita come l'Analisi dei modi e degli effetti dei guasti e delle criticità di un prodotto. La FMECA ha l'obiettivo prioritario di ricercare i potenziali difetti, gli effetti che questi possono causare, le cause e le azioni correttive sia nell'ambito dello studio di un nuovo prodotto che nel piano di innovazione e di miglioramento. Anzitutto il prodotto viene scomposto in diverse unità/aree funzionali e studiato da tutte le risorse che concorrono alla sua realizzazione, questa è una delle fasi considerate particolarmente importanti per la diffusione delle reciproche esperienze e competenze all'interno del gruppo.

In Tabella 1.7.3, viene rappresentata la documentazione completa dei requisiti che il prodotto deve soddisfare:

GRUPPO/ AREA FUNZIONALE	REQUISITI/ DOCUMENTAZIONE NECESSARIA
Area Tecnica/progetto	Analisi funzionale Piano di sviluppo Capitolato e specifiche tecniche Normative Piano/programma delle verifiche
Area Commerciale	Piano marketing Analisi e confronto prodotti concorrenti Esigenze commerciali Condizioni e norme per esportazione
Area Qualità	Obiettivi di qualità del prodotto Obiettivi di affidabilità
Area Produzione	Tecniche di fabbricazione Innovazioni tecnologiche/investimenti necessari

Tabella 1.7.3: Nell'analisi FMECA ogni gruppo di lavoro deve produrre una dettagliata documentazione che rappresenta requisiti che il prodotto deve necessariamente soddisfare

Ogni funzione/area coinvolta deve produrre una documentazione completa dei requisiti che il prodotto deve soddisfare, l'insieme dei contributi rappresenta un vero e proprio dossier che comprende i requisiti e le caratteristiche del prodotto

Inoltre la tecnica FMECA prevede:
- La ricerca dei difetti potenziali di ciascuna funzione elementare tra quelle evidenziate. I difetti potranno essere afferenti a diverse aree. Assenza della funzione, arresto della funzione, degradazione della funzione e intervento intempestivo della funzione.
- La determinazione degli effetti e delle cause dei difetti, con indicazione delle criticità e sviluppo di una graduatoria. L'analisi può prendere in esame prodotti analoghi, rilevando il grado di difetto sulla base di tre parametri, quali: P

che rappresenta la probabilità dell'accadimento, G che rappresenta la gravità del difetto (impatto sull'utente finale) ed R che rappresenta la rilevabilità, cioè la probabilità che tale difetto possa essere individuato. L'indice di criticità C viene espresso con la seguente formula:

$$P \times G \times R = C$$

naturalmente è necessario porre dei limiti numerici oltre i quali il difetto deve essere corretto.

- L'elaborazione di un piano previsionale e l'individuazione di un responsabile per ciascuna azione correttiva prevista.
- La messa in atto delle azioni correttive.
- La rivalutazione delle criticità.
- L'aggiornamento del piano di sviluppo sulla base di quanto rilevato.

La *Reliability Centered Maintenance* RCM trae origine dal mondo aeronautico dove nasce verso la fine degli anni '60 e rappresenta una sintesi completa delle metodologie innovative che vengono descritte in queste pagine, ma che in realtà rappresentano aspetti diversi di un unico processo complessivo ed integrato, finalizzato a massimizzare la disponibilità degli impianti, la loro affidabilità ed evitare operazioni che determinano un beneficio trascurabile. E' possibile affermare che la RCM fa proprie e approfondisce le metodologie diagnostiche innovative, concentrandosi sulla singola azione risolutiva e per singolo modo di guasto analizzato; questo determina un notevole impegno per l'implementazione che impiega nelle diverse figure chiave di un sistema impiantistico complesso, dal conduttore all'utente finale, dal responsabile e decisore allo specialista di sistemi informativi. Gli scopi della metodologia RCM sono sostanzialmente quelli di definire un programma di manutenzione iniziale, cioè nel periodo più critico che è quello della attivazione di un sistema tecnologicamente nuovo, con l'obiettivo di:

- raggiungere livelli intrinseci di affidabilità e sicurezza;
- riportare il sistema a tali livelli nel caso in cui si presentino anormalità;
- minimizzare i costi associati alle attività.

Per quanto riguarda i livelli di affidabilità e sicurezza, questi sono una proprietà dell'apparato di ingegnerizzazione del sistema e del servizio di supporto manutentivo che ha come obiettivo il loro raggiungimento e mantenimento. Nel caso in cui i livelli raggiunti non siano quelli desiderati, gli oneri siano particolarmente elevati e il problema non risulti suscettibile di miglioramento e/o soluzione, lo stesso deve tornare alla fase di progetto. Per ciò che riguarda l'obiettivo di minimizzare i costi, è bene ricordare che la metodologia RCM supporta le decisioni proprio nell'individuazione delle attività realmente determinanti, limitando o eliminando quelle che non rappresentano alcun valore aggiunto.

L'approccio RCM si basa dunque sulla raccolta delle informazioni e sulla strutturazione dei legami tra le entità, secondo la tecnologia FMECA (Failure Mode Effect Analysis), con il contestuale coinvolgimento delle analisi e degli aspetti relativi alla sicurezza. In base ai guasti funzionali ed alle conseguenze verranno selezionate le entità significative, che saranno poi oggetto di applicazione della logica RCM. L'output del processo è rappresentato dai requisiti di manutenzione (istruzioni operative). Nel caso in cui non si possa disporre di dati sufficienti possono essere promosse delle posizioni conservative, successivamente analizzate e migliorate. Nel caso in cui questo processo non si realizzi per oggettive difficoltà e/o impedimenti, il processo torna alla fase di progettazione dell'attività.

La selezione delle entità rilevanti (sistema, subsistema, componente) prende avvio selezionando l'insieme delle entità funzionali associandole ai rispettivi modi di guasto, individuando quelle che saranno soggette ad adeguata procedura logistica. Queste entità, che normalmente vengono definite Maintenance Significant Item, si suddividono in entità con implicazioni Funzionali o Strutturali. Le restanti entità, quelle cioè che non ricadono in queste categorie vengono "declassate" per importanza e saranno quelle trattate con manutenzione correttiva. E' a questo punto, cioè successivamente alla selezione delle entità rilevanti, che la logica RCM prende avvio, attraverso l'applicazione di quattro interrogativi per ciascuna entità selezionata. Sulla base delle risposte ai quesiti, ogni entità ricade in una delle categorie degli effetti, in figura 1.7.4 vengono classificate le 5 categorie degli effetti e le relative cause:

CATEGORIE DEGLI EFFETTI	EFFETTI CAUSATI
FEC 1	Effetti negativi sulla sicurezza
FEC 2	Effetti dell'esercizio
FEC 3	Effetti negativi economici
FEC 4	Effetti negativi non evidenti sulla sicurezza
FEC 5	Effetti non evidenti sulla sicurezza

Figura 1.7.4: Classificazione delle categorie degli effetti in base alla metodologia RCM

Integrazione, polivalenza e delega ai ruoli operativi sono le parole chiave *della Total Product Maintenance* TPM, quindi applicazione alla scala dell'edificio delle tecniche produttive, viste come studio e miglioramento continuo delle prestazioni, dei mezzi di lavoro, delle macchine e degli impianti.

La TPM, che viene definita dalla norma UNI "l'insieme delle azioni volte alla prevenzione, al miglioramento continuo e al trasferimento di funzioni elementari di manutenzione al conduttore dell'entità, avvalendosi del rilevamento dei dati e della diagnostica sull'entità da mantenere", si realizza grazie alle tecniche diagnostiche, di monitoraggio e affidabilistiche. La TPM può essere sintetizzata in 4 principi:

1. Prevenzione o ingegnerizzazione del processo manutentivo;
2. Ottimizzazione del ciclo di vita della macchina e/o impianto;
3. Miglioramento continuo;
4. Automanutenzione.

Gli obiettivi della TPM si realizzano su due diversi piani, di cui uno tecnologico e l'altro organizzativo. Sul piano organizzativo la metodologia prevede il trasferimento all'interno del processo di tutte le responsabilità, comprese quelle relative alle manutenzioni ed alla sicurezza delle attrezzature e dei mezzi di lavoro.

Sul piano tecnologico l'obiettivo prioritario è determinato dall'incremento di qualità e di quantità dell'elemento, realizzato attraverso la massimizzazione della disponibilità, in altre parole attraverso l'ingegnerizzazione della manutenzione. Quest'ultima consiste nello sviluppo della pianificazione degli interventi manutentivi o ispettivi attraverso le metodologie diagnostiche, con il supporto di uno specifico sistema informativo. Ciò comporta la programmazione delle risorse, dei mezzi, delle attrezzature, dei ricambi, l'analisi sistematica dei guasti per rimuoverne le cause o riprogettare i criteri di intervento.

Elemento fondamentale dell'impostazione TPM è dunque rappresentato dal modello organizzativo che prevede il decentramento delle attività manutentive, fermo restando la selezione dei criteri e le scelte strategiche che appartengono alle figure specialistiche alle quali è attribuita la responsabilità della commessa e dunque non necessariamente presenti.

1.8 IDM: processo e funzione

La manutenzione interviene quindi sui "sistemi", la cui definizione si applica sia a beni materiali, sia a beni immateriali come l'organizzazione. I principi di manutenzione abbracciano così un dominio più ampio: non solo operativo, ma anche dei servizi.

La manutenzione è dunque ingegneria, ossia un insieme di nozioni e tecniche fondate sulle scienze fisiche, matematiche e chimiche, applicate alla progettazione, all'organizzazione e alla realizzazione di opere.

L'IDM va intesa invece nella duplice veste di processo (manutentivo) e funzione:
- Come processo, ha il compito di razionalizzare l'impiego delle risorse manutentive, attraverso la prevenzione, i metodi di lavoro, la programmazione, la diagnostica tecnica e più in generale è indicata alle azioni che collegano la domanda e l'offerta di manutenzione rendendole coerenti. Questo processo, sebbene sia tutelato dall'omonima fun-

zione, riguarda tutti gli addetti alla manutenzione. siano essi dirigenti, quadri o operai.
- Come funzione, si identifica in un gruppo che, in una posizione di supporto (staff), oppure in condivisione con posizioni di comando (responsabile, capo officina), razionalizza l'azione manutentiva. La razionalizzazione avviene interagendo con i manutentori su differenti versanti quali: la diffusione delle pratiche manutentive (formazione), i metodi di lavoro, le norme e le procedure, i meccanismi di controllo (sistema informativo), la diagnostica tecnica precoce, la quantificazione dei denari necessari alla manutenzione ed il controllo delle derive di spesa (budget).

L'importanza della IDM aumenta costantemente, sia perché si è rivelato assieme alla formazione "di mestiere" il canale più importante per la diffusione della cultura manutentiva, sia perché ad essa fanno riferimento i principali elementi competitivi della manutenzione, qui di seguito elencati:
- formazione;
- sistema informativo;
- diagnostica tecnica.

1.9 Dall'IDM industriale all'IDM civile

L'IDM è nata e si è sviluppata come scienza autonoma con l'avvento della produzione di massa e la possiamo configurare come una risposta coerente ai bisogni di affidabilità e di disponibilità sorti prima con la rivoluzione industriale, la logistica e il settore militare e dopo con la ricerca aerospaziale e nucleare.

Se invece facciamo un'analisi storica sulla manutenzione dell'ambiente costruito, vedremo che l'IDM è la prima efficiente risposta economica alternativa alla ricostruzione del bene danneggiato. Oggi l'IDM ha assunto un valore importante fra le attività tecnico-economiche, basti pensare che nel valutare il grado di sviluppo delle nazioni, la Comunità Europea, utilizza la capacità di fare manutenzione fra i parametri fondamentali di giudizio. Si tratta comunque di una disciplina giovane, per tutto il novecento, se si eccettua il lavoro di pochi pionieri, la funzione dell'IDM del costruito e dei servizi non è stata interessata dall'innovazione. Dal 2000 in poi la situazione è cambiata, da un lato, per la costante riduzione del mercato industriale e poi per la progressiva espansione del mercato del edilizio, dove si sono diffuse in questi anni ingegneria e diagnostica tecnico-economica. Per quest'ultimo aspetto sono interessanti gli sviluppi dell'IDM nei beni artistici, paesistici e archeologici e nella manutenzione urbana.

L'IDM del costruito, pertanto, rappresenta oggi una sorta di nuova "frontiera" per l'esecuzione dei servizi di manutenzione. Si tratta di un mercato in espansione e sempre più ricco, che costituisce una buona opportunità per le nostre imprese specializzate nella manutenzione.

Le aziende oggi impegnate soprattutto nella manutenzione industriale, con pochi accorgimenti, possono a pieno titolo beneficiare della "frontiera" espandendo le proprie attività nel mondo del costruito e dei servizi.

I fondamenti della manutenzione, infatti, se escludiamo l'ambito delle tecniche, hanno carattere generale e sono indipendenti dal settore merceologico. I principi, l'organizzazione, l'ingegneria e la diagnostica, per citare alcune fra le principali aree d'intervento, sono quindi facilmente mutuabili fra i diversi settori.

Contrariamente a gran parte dell'industria, accade che nel costruito e più ancora nei servizi, il processo manutentivo si trova spesso "fuori controllo" e per nulla ottimizzato e ciò fa nascere buone opportunità di business per le imprese specializzate.

Le tradizionali imprese che operano nell'ambito delle costruzioni, soprattutto nell'edilizia e in alcune tipologie impiantistiche specifiche (termotecnica, idraulica, elettricità), se non supportate da una adeguata formazione e di conseguenza da un opportuno know how, non saranno in grado, nel breve periodo, di cogliere quest'opportunità.

L'area di sviluppo più interessante, in questo senso, è l'IDM nel settore urbano. Gli esperti prevedono un grande sviluppo della manutenzione nelle città, laddove troveremo i principi fondamentali e gli elementi costitutivi della manutenzione come li abbiamo conosciuti e studiati nel mondo industriale, senza soverchianti differenze.

Bisogna fare però attenzione ad una serie di complessità sociali e politiche che sono praticamente sconosciute all'IDM industriale. Il tema, nonostante le prevedibili iniziali difficoltà di approccio, rimane ugualmente di grande interesse per il grande impatto che ha sui cittadini e di riflesso sugli amministratori delle città che devono realizzarne le aspettative.

La crescente complessità dei manufatti presenti nelle città, sempre più ricchi di impiantistica, richiedono una visione strategica della manutenzione, vista in una logica di sistema, che va ben oltre il semplice mantenimento del singolo edificio o di un'infrastruttura.

Il ciclo di vita della Città, se comparato ai prodotti e alle macchine industriali, è straordinariamente più lungo e ricco di episodi di degrado e di indisponibilità, i quali solo con un'attenta IDM possono essere padroneggiati. La manutenzione della città è l'elemento cardine di quella qualità urbana che rappresenta oggi una delle principali sfide della nostra società. Una manutenzione puntuale può garantire, infatti, il raggiungimento di una qualità "sostenibile" dell'ambiente urbano, adeguata ai bisogni e alle aspettative dei cittadini.

Il mercato della manutenzione dell'ambiente costruito ed in particolare la manutenzione urbana con le sue complessità, è quindi una sfida interessante per gli esperti di ingegneria e di manutenzione che sinora hanno operato prevalentemente nel settore industriale, e un potenziale business per gli anni a venire. Si richiede, infatti, il superamento delle attuali criticità e l'adozione di adeguate risposte organizzative in un'ottica che non deve limitarsi agli aspetti della gestione, come accade con il Facility Management[22], ma che deve perseguire obiettivi di economicità lungo tutto il ciclo di vita dei beni, dalla progettazione alla dismissione.

---

[22] Il Facility Management è la scienza aziendale che controlla tutte le attività che non riguardano il core business e quindi produttività d'ufficio, utilities, sicurezza, telecomunicazioni, servizio mensa, manutenzioni, ecc...

Capitolo II

Il Contratto di esternalizzazione in Global Service

2.1 Considerazioni introduttive

Nei precedenti capitoli abbiamo analizzato i diversi elementi che interagiscono con la manutenzione: dalla funzione strategica ai costi diretti e indiretti, dalle varie tipologie di manutenzione, all'IDM, al sistema informativo e ancora alla programmazione dei costi e dell'efficienza, al processo e alla funzione, ecc... Si tratta di una serie di fattori di natura tecnica, economica e gestionale che coinvolgono principalmente discipline quali la tecnica delle costruzioni, la tecnologia dei materiali e soprattutto l'economia applicata all'ingegneria. Appare quindi evidente che, per intendere la manutenzione come una risorsa e non come una componente passiva da subire, occorre procedere attraverso un attento controllo di coordinamento del complesso processo manutentivo. Ciò risulta indispensabile al fine di raggiungere l'obiettivo di ottimizzazione dei costi e quindi di realizzazione del valore aggiunto.

Come più volte affermato nelle precedenti pagine, negli ultimi anni, le attività manutentive hanno cambiato volto discostandosi sempre più dalla concezione di semplici attività di riparazione. Lo scenario manutentivo, come ampiamente esposto nei capitoli precedenti, è oggetto oggi di una vera rivoluzione concettuale: da una concezione tradizionale della manutenzione, distinta tra ordinaria e straordinaria, considerata esclusivamente come costo, si è passati ad un'idea di manutenzione come attività orientata all'ottimizzazione e al miglioramento.

I progetti gestionali e manutentivi si collocano sempre più in un contesto altamente competitivo, espressione della sempre crescente esigenza di migliorare le proprie prestazioni, sia in termini organizzativi che operativi.

La gestione bilanciata ed efficace della manutenzione tende sempre più a garantire procedure e budget standardizzati: ecco perché è nato il Global Service, una formula contrattuale relativa a servizi multidisciplinari nella quale l'assuntore progetta, gestisce ed eroga le attività manutentive con piena responsabilità sul raggiungimento di obiettivi prefissati.

Il Global Service si configura come risposta univoca a domande sempre più complesse, del tipo:

- Come coordinare in un'unica organizzazione tutte le diverse attività manutentive operanti con metodologie e tempistiche differenti fra loro?
- Come gestire contemporaneamente sia le problematiche tecniche che quelle amministrative?
- Come ottimizzare le risorse finanziarie ripartendo i costi in relazione al budget preventivato?
- Come supplire alla carenza di competenze adeguate per la gestione di problematiche e normative sempre più specifiche?

Negli Enti Locali e più in generale nelle grandi organizzazioni pubbliche e private, il maggior rischio che impedisce alla manutenzione di salvaguardare per intero la disponibilità dei servizi è la perdita di controllo sul processo manutentivo. Ad esempio, in un comune di dimensioni medie o grandi, dove la risposta ai fabbisogni manutentivi risulta dispersa fra diversi uffici e fornitori, spesso in relazione alla destinazione o alla categoria dei beni, si ottiene di sovente il risultato di avere il processo manutentivo nel suo insieme fuori controllo, con il conseguente mancato raggiungimento della garanzia di continuità dei servizi offerti al cittadino, oltre che di spreco economico. Ciò accade in quanto è piuttosto improbabile che ogni ufficio assuma un esperto di manutenzione che si faccia carico della responsabilità di coordinamento nei confronti della manutenzione, necessario in quanto l'intervento manutentivo scaturisce in prevalenza da fabbisogni non programmati, dietro sollecitazione di gruppi di cittadini o direttamente dai tecnici responsabili del servizio compromesso.

In assenza di un coordinamento, l'unica risposta che l'Amministrazione può dare, sussistendo i fondi, è l'attivazione di un intervento con il coinvolgimento di un'impresa esterna che limiterà il suo intervento al mero ripristino della funzione compromessa, non avendo alcun interesse a segnalare eventuali possibili ottimizzazioni o azioni preventive.

Una scelta organizzativa efficace per far fronte a questo problema consiste nell'utilizzare contratti in Global Service, in modo da coinvolgere i fornitori nel mantenere nel tempo il valore dei beni, garantendo nello stesso tempo un'efficienza negli interventi e un livello di servizio predefinito, pena l'applicazione di penali o nullità dei contratti.

Tra i vari modelli organizzativi adottati per la manutenzione, il Global Service è senza dubbio il più promettente, in quanto coniuga perfettamente il raggiungimento dei risultati richiesti con la razionalizzazione delle attività manutentive.

L'oggetto di un contratto di Global Service è l'affidamento da parte di un committente a un assuntore, per un periodo di tempo definito, del complesso di attività manutentive finalizzate a garantire la disponibilità a livelli prestazionali prefissati. È importante notare che Global non significa necessariamente avere un solo fornitore "globale". Infatti, quando si parla di Global Service è bene riferirsi a una pluralità di soggetti, piuttosto che a un soggetto unico al quale affidare tutte le attività di manutenzione.

In funzione delle specifiche esigenze e convenienze dell'Amministrazione e delle strategie di gestione del patrimonio da questa adottate, il Global Service può contemplare l'affidamento di più attività attinenti a un unico servizio (ad esempio la manutenzione edilizia e impiantistica) o di più attività attinenti a una serie di servizi (tra cui, ad esempio, la stessa manutenzione edilizia e impiantistica, di attrezzature e di arredi, ma anche la gestione di call center, del verde, la pulizia, l'igiene ambientale, ecc.). Gli attori che operano nel Facility Management gestito con un contratto di Global Service immobiliare sono innanzitutto, il proprietario dei beni, definito Committente che è interessato alla migliore gestione nel tempo del bene stesso, mantenendolo in un adeguato stato di conservazione, vi è poi il Gestore dei servizi connessi al bene, che ne ottimizza la disponibilità, garantendo la qualità necessaria allo svolgimento dell'attività, detta funzione può essere esternalizzata a un operatore di Global Service oppure gestita direttamente dal proprietario del bene, infine vi è il fornitore di Global Service, l'Assuntore, ovvero colui che assume con un determinato grado di responsabilità sui risultati e una certa autonomia decisionale, l'incarico di svolgere il servizio globale di manutenzione, in modo da garantire concordati livelli di servizio.

L'innovazione portata dai contratti di Global Service consiste nel trasformare l'obiettivo del servizio dalla fornitura di una prestazione mirata alla garanzia di un risultato, che deve necessariamente essere ottenuto ottimizzando le prestazioni e i costi complessivi del servizio stesso, nel rispetto della sicurezza e dell'affidabilità. Da ciò deriva che un punto importante, nell'ambito di attività gestite con un contratto di Global Service, è la puntuale definizione contrattuale dell'accordo sui livelli di servizio (ad esempio, il tempo di resa del servizio manutentivo) e la definizione degli indicatori di prestazione relativi al "risultato" che la manutenzione deve garantire. I contenuti di tale accordo contrattuale possono essere, ad esempio, la definizione dei tempi massimi per interventi tampone o definitivi (per il livello di servizio), indicatori correlati al mantenimento di standard qualitativi o al mantenimento di un valore di prestazione (temperatura, umidità, portata, pressione, piuttosto che disponibilità, numero di guasti, ecc...).

La verifica del rispetto da parte dei fornitori di Global Service dei livelli di servizio concordati viene attuata tramite opportuni strumenti e modalità di controllo, che a loro volta devono tradursi in documenti contenenti parametri capaci di rilevare in modo oggettivo i risultati, sia per la qualità del servizio reso (indicatori di livello di servizio), sia per le prestazioni (indicatori tecnici e di costo). In questo contesto, il costo diventa una variabile indipendente, considerata la natura "forfetaria" dell'accordo di Global Service. Il mancato raggiungimento dei livelli di servizio concordati dà luogo quasi sempre a penali, così come il superamento dei livelli potrebbe dar luogo a dei bonus calcolati sul corrispettivo annuo del servizio.

L'adozione di contratti di Global Service rappresenta un'evoluzione dell'offerta manutentiva molto vantaggiosa, favorendo da parte dell'Amministrazione il governo del processo di gestione strategica della manutenzione e concertando con l'Assuntore di Global Service le azioni che garantiscono il raggiungimento degli obiettivi prefissati.

Va tuttavia precisato che il Global Service ha la sua massima efficacia se riferito a patrimoni immobiliari, oppure dove c'è una competenza diffusa, come ad esempio gli impianti elettrici, il condizionamento/riscaldamento, la security, il verde, l'illuminazione, ecc..., eventuali impianti speciali e/o molto complessi andranno necessariamente trattati con contratti "ad hoc", spesso erogati dallo stesso soggetto fornitore degli impianti. Per raggiungere gli obiettivi di efficacia e efficienza, applicando un contratto in Global Service, occorre però conoscere a fondo il patrimonio da gestire, le richieste di intervento (fabbisogno), gli interventi (quando e dove), le lavorazioni effettuate e i relativi costi (cosa e quanto), nonché il mercato. Tale conoscenza può essere assicurata solamente da una "regia della manutenzione", ovvero da un gruppo di persone all'interno dell'organizzazione committente in grado di controllare il processo lungo l'intero ciclo di vita del bene, dalla progettazione al suo mantenimento e rinnovo, la cosiddetta Ingegneria di Manutenzione. Ed è questo l'elemento chiave per il successo di un contratto di Global Service, in quanto la mancanza di un opportuno controllo e coordinamento delle varie componenti di natura tecnica, economica e gestionale, renderebbe nullo o altresì dannoso il ricorso a qualsiasi forma di Outsourcing[23], ovvero di affidamento a terzi di funzioni e servizi. Tutto ciò è necessario per ben focalizzare i settori di specializzazione e valutare per ciascuno di essi un fornitore con cui stringere accordi di partnership applicando le logiche concettuali del Global Service.

---

[23] Outsourcing, parola inglese traducibile letteralmente come "approvvigionamento esterno", è il termine usato in economia per riferirsi genericamente alle pratiche adottate dalle imprese di estrernalizzare alcune fasi del processo produttivo, cioè ricorrere ad altre organizzazioni per il loro svolgimento

Si fa infine osservare che il Global Service, nell'ambito del Facility Management, non è che una parte del più ampio tema della manutenzione in quanto si focalizza sulla gestione del bene, mentre il processo manutentivo opera lungo tutto il ciclo di vita del bene stesso, dalla progettazione alla costruzione, alla gestione e alla dismissione.

2.2 Il Contratto di Global Service

L'Ente Pubblico o l'azienda interessati ai servizi in Global Service, che diventerà il Committente, dovrà formulare per prima cosa una richiesta d'offerta nella quale saranno esposte le parti fondamentali, nonchè i metodi e le condizioni contrattuali con le quali intende soddisfare le proprie esigenze manutentive.

Procedere ad un appalto di Global Service non è una soluzione sempre di facile attuazione: la conoscenza delle problematiche in gioco richiede un grande impegno di analisi ed una valutazione delle competenze richieste, al fine di svolgere una serie di attività che comprendono, in aggiunta alle prestazioni puramente manutentive e gestionali, una serie di procedure e specifiche richieste, le quali possono riguardare anche la progettazione. Risulta ovvia la necessità di svolgere una prima verifica di fattibilità e solo dopo, se questa ha dato esito positivo, elaborare la proposta di offerta.

Esistono diverse forme di organizzazione del sistema gestionale delle attività manutentive tra le quali le più diffuse sono:
- La terziarizzazione delle attività manutentive, con la pianificazione e il controllo del Committente tramite sistema informativo che comporti una vera integrazione con l'Assuntore;
- L'esternalizzazione totale delle attività manutentive con corresponsabilità economica da parte dell'Assuntore.

Queste forme possono anche diventare un percorso per il Committente con il passaggio graduale da un'attività manutentiva episodica a quella imperniata su un servizio gestionale o su più servizi integrati.

L'organizzazione interna della committenza dovrà riconfigurarsi per accogliere una gestione del proprio patrimonio in partnership con il fornitore del servizio.

In particolare il Committente dovrà farsi carico di una serie di attività preventive indispensabili, tra le quali:

- Definizione degli obiettivi da raggiungere e, conseguentemente, delle attività da esternalizzare;
- Individuazione del fornitore dei servizi (outsourcer), che diventerà un vero e proprio partner, tramite la valutazione di più offerte;
- Definizione di ruolo e competenze relativamente a due figure chiave del Global Service, una prima rappresentata dal Responsabile Unità Operative (RUO), che sarà il referente e il responsabile relativamente a tutte le attività manutentive e una seconda rappresentata dal dall'Activity Manager, che coordinerà tutte le richieste di intervento e i piani di manutenzione;
- Definizione degli strumenti per il monitoraggio delle performance.

La definizione degli obiettivi da raggiungere assume un'importanza vitale; infatti in questa fase il Committente decide quali processi manutentivi esternalizzare e di che attività il futuro Assuntore si dovrà far carico. Le attività più ricorrenti possono essere:

- Monitoraggio costante dello stato fisico e prestazionale delle attrezzature e degli immobili gestiti;
- Pianificazione temporale degli interventi manutentivi;
- Progettazione esecutiva degli interventi più onerosi;
- Esecuzione operativa degli interventi;
- Gestione delle banche dati su supporto informatico;
- Report statistici sia di tipo operativo che amministrativo.

Occorre precisare che è fondamentale riuscire a preparare il personale operativo e dirigenziale affinché si inneschi con l'Assuntore un rapporto di piena collaborazione, ideale per il raggiungimento degli obiettivi.

Nelle pagine seguenti verrà riportato per intero un contratto di servizi multidisciplinari di manutenzione nel quale l'assuntore è chiamato a progettare, gestire ed erogare le attività di manutenzione con piena responsabilità sul raggiungimento degli obiettivi, comunemente concordati tra le parti e nel tempo chiaramente misurabili. Detto contratto comprende, quindi, una pluralità di servizi sostitutivi delle normali azioni manutentive, quali:

- la progettazione;
- la gestione e l'esecuzione della manutenzione;
- la struttura operativa:
- le risorse operative;
- i materiali e tutto ciò che serve per la conservazione e la disponibilità del patrimonio.

A fronte di ciò, l'organizzazione interna dovrà riconfigurarsi per una corretta gestione dei rapporti con l'Assuntore che diventa, allo stesso tempo, partner del Committente. Terziarizzare richiede innumerevoli conoscenze di natura gestionale e tecnica, in riferimento al Committente e al territorio.

Il contratto di Global Service si pone come uno degli strumenti per la realizzazione giuridica dei principi sottesi all'ingegneria di manutenzione, vale a dire la pianificazione e progettazione dell'attività, la valutazione e razionalizzazione dei costi e l'ottimizzazione dei processi. I contraenti che addivengano alla decisione di stipulare un contratto di Global Service devono conformare la loro attività, oltre che alle previsioni contenute nel capitolato tecnico, anche a quanto previsto dalla norma Uni 10685, in base alla quale dovrà essere redatto un documento denominato "progetto del Global Service", nel quale l'Assuntore del servizio dovrà definire:

- l'attività;
- gli obiettivi;
- l'organizzazione della quale decide di avvalersi nell'esecuzione dell'incarico.

La conoscenza di tutti gli elementi tecnico-gestionali permetterà al committente di definire in maniera precisa la portata degli interventi manutentivi, l'oggetto del contratto e l'attività necessaria al corretto adempimento, nonché di individuare tutte le modalità di gestione del servizio in rapporto alla consistenza ed all'entità dei beni e degli impianti ad esso sottoposti, anche in considerazione della complessità tecnica degli stessi.

Di seguito viene rappresentato un modello di contratto per la gestione di servizi di manutenzione in regime di Global Service per un Comune proprietario di un patrimonio immobiliare, il contratto prevede l'affidamento dei servizi gestionali e l'erogazione dei servizi manutentivi in regime di "Global Service Manutentivo":

Il presente contratto viene stipulato

TRA

il Comune di .... con sede legale in via ...., P.iva ...., nella persona del Sindaco suo legale rappresentante pro tempore ...., nato a ...., il ...., C.F. ...., domiciliato per la carica presso la sede del Comune, di seguito per brevità indicato come Committente

E

la Società .... con sede legale in .... via............................., P.iva........................, nella persona del suo Legale Rappresentante pro tempore............................., nato a .... il................... C.F. ...., residente in ....via........................., domiciliato per la carica presso la sede legale della Società, di seguito per brevità indicata come Assuntore.

Premesso5
che il **Committente** ha avviato un processo di riorganizzazione che prevede, tra l'altro, l'esternalizzazione dei servizi manutentivi e, conseguentemente, l'affidamento a terzi dell'incarico di svolgere, con propria organizzazione di mezzi ed a proprio rischio, le attività di assistenza tecnica e di manutenzione degli immobili e degli impianti, nonchè di tutte le attività di gestione dei servizi relativi agli immobili di sua proprietà e/o disponibilità;
che l'**Assuntore** dispone di un'organizzazione imprenditoriale e di spazi idonei allo svolgimento a proprio rischio dell'attività di manutenzione oggetto del presente contratto e meglio specificata alle clausole successive;
che è pertanto intenzione del Committente conferire al predetto l'incarico di porre in essere il sevizio di cui in premesse al fine di realizzare il mantenimento, il ripristino e la riparazione dello stato di efficienza degli immobili e degli impianti in essi

*contenuti attraverso l'effettuazione di interventi di manutenzione (preventiva, a guasto, intervento tampone, ciclica, predittiva, secondo condizione, migliorativa); che l'**Assuntore** si dichiara responsabile delle scelte di progetto, di pianificazione, di direzione e di attuazione delle attività manutentive, salvo quanto espressamente concordato in maniera collegiale con il Committente, garantendo in ogni caso il raggiungimento di tutti i risultati pattuiti;*

tanto premesso

Le parti come sopra rappresentate, mentre confermano e ratificano le premesse, che formano parte integrante del presente contratto, convengono e stipulano quanto segue:

Articolo 1 Glossario

- ***Anagrafe***: *il rilievo degli immobili, delle aree e degli impianti e del loro stato manutentivo; il reperimento dei dati, la loro organizzazione e archiviazione.*
- ***Assuntore***: *parte che assume l'obbligo di fornire il "Global Service" di manutenzione. Esso può identificarsi anche con il capofila di una Associazione Temporanea di Imprese R.T.I. (Norma UNI 10685:1998, Manutenzione - Criteri per la formulazione di un contratto basato sui risultati "Global Service").*
- ***Autorità Vigilante***: *la persona, o il gruppo di persone, che saranno incaricate dal Committente di verificare, monitorare e vagliare l'attività dell'Assuntore, ed alle quali l'Assuntore stesso dovrà fornire ogni informazione o documentazione richiesta.*
- ***Anomalia***: *stato di un'entità, caratterizzato dalla sua inabilità ad eseguire una funzione richiesta, non comprendente l'inabilità durante la manutenzione preventiva o altre azioni pianificate, oppure dovuta alla mancanza di mezzi esterni. Un'anomalia è spesso il risultato di un guasto dell'entità, ma può esistere anche senza il verificarsi di esso.*
- ***Capitolato d'oneri***: *raccolta delle clausole che definiscono gli oneri che le parti devono assumersi nel corso dell'appalto (Norma UNI 10146:1992, Manutenzione. Criteri per la formulazione di un contratto per la fornitura di servizi finalizzati alla manutenzione).*
- ***Capitolato tecnico***: *documento nel quale il Committente descrive i beni oggetto del Global Service di Manutenzione, le sue richieste, i modi per verificare il soddisfacimento delle richieste, i criteri con cui trattare le eventuali variazioni quantitative e qualitative dei beni nonché le eventuali variazioni della disponibilità a produrre e/o espletare il servizio richiesto, gli effetti delle migliorie apportate (Norma UNI 10685:1998).*
- ***Centrale operativa (Call Center)***: *unità di ricezione richieste e di coordinamento delle attività dell'Assuntore.*
- ***Contratto di manutenzione basato sui risultati (Global Service di Manutenzione)***: *contratto riferito ad una pluralità di servizi sostitutivi delle nor-*

mali attività di manutenzione con piena responsabilità sui risultati da parte dell'Assuntore (Norma UNI 10685:1998).

- **Corrispettivo a canone (a corpo)**: *corrispettivo per quei servizi o lavori il cui costo è riferito alla totalità dello stesso servizio o lavoro, quindi alla prestazione completa in ogni sua parte.*
- **Corrispettivo a misura**: *corrispettivo, per servizi o lavori, valutato secondo una unità di misura (mc, ml, lt, kg, ecc...).*
- **Corrispettivo a constatazione**: *corrispettivo per lavori o servizi che, in mancanza di un altro sistema di contabilizzazione, viene calcolato in base al tempo, ai materiali ed ai noli utilizzati per effettuare i lavori.*
- **Direttore dei lavori**: *persona nominata dal Committente che a termine di contratto e di legge dirige i lavori.*
- **Elemento; entità; bene**: *ogni parte, componente, dispositivo, sottosistema, unità funzionale, apparecchiatura o sistema che può essere considerata individualmente.*
- **Elenco prezzi**: *insieme dei prezzi unitari relativi alle voci (descrizione delle attività) che si intendono utilizzare per contabilizzare e liquidare i lavori.*
- **Fase di avviamento del contratto**: *periodo di tempo in cui l'Assuntore può assimilare le cognizioni gestionali e tecnico-operative del Committente; entrambe le parti possono monitorare tutte le condizioni pattuite, al fine di perfezionare di comune accordo il contratto (Norma UNI 10685:1998).*
- **Immobile**: *singolo edificio o complesso di edifici, oggetto di manutenzione (Norma UNI 10604:1997 Manutenzione. Criteri di progettazione, gestione e controllo dei servizi di manutenzione di immobili). Può inoltre essere definito come un singolo edificio o complesso di edifici e loro pertinenze (quali spazi non edificati, a verde e a parcheggio, attrezzature degli spazi esterni), compreso quant'altro deve essere oggetto del servizio.*
- **Offerta**: *atto con cui l'Assuntore, in sede di gara d'applato, propone ai sensi delle clausole contrattuali e dell'elenco dei prezzi allegati al contratto di fornire o svolgere il servizio di manutenzione in appalto al Committente.*
- **Progetto del contratto di manutenzione basato sui risultati (progetto del Global Service di manutenzione)**: *documento nel quale vengono descritti i piani e le politiche di manutenzione che si intendono applicare, l'organizzazione che intende impartire (Norma UNI 10685:1998).*
- **Raggruppamento di beni omogenei**: *insieme di beni per i quali la valutazione del Global Service Manutentivo può essere fatta sulla base degli stessi parametri, indici e/o metodologie di misurazione (Norma UNI 10685:1998).*
- **Richiesta di offerta**: *atto con cui il Committente propone, ai sensi delle clausole contrattuali e dell'elenco dei prezzi allegati al contratto, di svolgere un servizio di manutenzione in appalto a determinate condizioni prefissate nella medesima richiesta di offerta (Norma UNI 10146:1992).*

- **Servizio**: *insieme di funzioni offerte ad un utilizzatore da un'organizzazione (Norma UNI 9910:1991 Terminologia sulla fidatezza e sulla qualità del servizio).*
- **Sistema di misurazione**: *modalità da adottare per misurare il risultato delle attività eseguite, per pervenire alla contabilizzazione dei lavori in base ad un elenco prezzi. I sistemi possono essere convenzionali. Le misurazioni possono avvenire in opera o su disegno (Norma UNI 10146:1992).*
- **Verbali**: *atti che registrano fatti contrattualmente salienti sottoscritti dalle parti (Norma UNI 10146:1992).*

Articolo 2 Oggetto del contratto

a) *Servizio di Global Service Manutentivo per il patrimonio immobiliare;*
b) *Servizi compresi nell'appalto (a solo scopo esemplificativo):*
   - *servizio di gestione integrata*
   - *servizio anagrafe*
   - *servizio manutenzione delle opere edili e impiantistiche*
   - *servizio calore*
   - *servizio pulizia e igiene ambientale*
   - *servizio manutenzione di arredi e apparecchiature di ufficio*
   - *servizio manutenzione del verde*
   - *servizio traslochi e facchinaggio*

È oggetto del contratto l'integrale servizio di manutenzione degli immobili, nonchè la pianificazione, l'organizzazione, la gestione, il controllo e l'esecuzione del servizio di manutenzione ordinaria, programmata e predittiva, e della manutenzione straordinaria (migliorativa), da effettuarsi sulle reti tecnologiche, le strutture edilizie e i complementi; compreso là dove è necessario, l'esercizio della conduzione dei principali impianti tecnologici, l'esecuzione dei controlli periodici inerenti la sicurezza d'impiego degli impianti, nonchè i servizi ausiliari.

Le attività di progettazione ed esecuzione dei servizi manutentivi comprendono:

1. *la **progettazione degli interventi di manutenzione, programmata e predittiva**, effettuati sulla base delle indicazioni contenute nell'allegato piano di manutenzione attraverso lo svolgimento delle seguenti attività:*
   - *il completamento e/o la realizzazione del censimento del patrimonio di proprietà e/o in gestione al Committente;*
   - *il monitoraggio tecnico dei componenti edilizi ed impiantistici del patrimonio, effettuato al fine di determinare lo stato di conservazione, di individuare la presenza o meno dei requisiti normativi richiesti, nonchè il rispetto delle norme vigenti sulla sicurezza e conduzione degli impianti;*
   - *lo studio, la progettazione e l'attivazione di un sistema informatizzato, per la pianificazione, la gestione e il controllo delle attività di manutenzione ordinaria, straordinaria e programmata.*
2. ***L'esecuzione della manutenzione programmata e predittiva** attraverso lo svolgimento delle seguenti attività:*

- *l'esecuzione tempestiva ed a regola d'arte di tutte le attività di manutenzione ordinaria programmata e predittiva, così come previste e definite nel Capitolato d'oneri e nel Capitolato tecnico di appalto e loro allegati;*
- *la gestione di un Sistema Informativo in grado di consentire al Committente, attraverso l'opera del Direttore Tecnico, la verifica della corretta e puntuale esecuzione delle singole attività eseguite, al fine di verificare la rispondenza degli interventi a quanto previsto dal capitolato tecnico;*
- *la realizzazione e gestione di un sistema di raccolta e archiviazione dei dati al fine di formare un'anagrafe di tutte le attività manutentive eseguite e delle relative modalità di esecuzione, capace di fornire tutte le indicazioni statistiche, elaborate per le esigenze di conoscenza e di gestione del servizio.*

3. La **progettazione degli interventi di manutenzione migliorativa**, di messa a norma, e di manutenzione straordinaria attraverso lo svolgimento delle seguenti attività:
   - *la redazione di progetti preliminari e definitivi relativi alla realizzazione degli interventi necessari per l'adeguamento normativo, alla esecuzione della manutenzione migliorativa e straordinaria e per tutte le attività che si riterranno opportune o necessarie in base alle risultanze delle operazioni di monitoraggio eseguite;*
   - *la progettazione esecutiva degli interventi che il Committente ha deciso di far eseguire.*

4. L'**esecuzione degli interventi di manutenzione straordinaria e migliorativa** attraverso lo svolgimento delle seguenti attività:
   - *la realizzazione tempestiva e a regola d'arte di tutte le attività manutentive necessarie e concordate con il Committente con le modalità specificate nel capitolato tecnico e nei suoi allegati;*
   - *la gestione della contabilizzazione dei lavori al fine di consentire il controllo della Committenza sull'attività svolta e sulle sue modalità di esecuzione;*
   - *la realizzazione di un sistema di archiviazione delle attività svolte a fini di anagrafe conoscitiva per la raccolta dei dati necessari all'elaborazione statistica dei programmi di gestione della manutenzione.*

5. L'**esecuzione di attività informatiche ed affini (addestramento e supporto logistico)**. L'Assuntore garantisce al Committente il conseguimento del risultato concordato cioè il raggiungimento di condizioni di ottimizzazione dell'esercizio ed efficienza degli impianti e servizi sopra elencati, al fine di prevenire anomalie di funzionalità, anomalie o guasti. Ciò sarà a totale carico dell'Assuntore senza alcun onere aggiuntivo per il Committente, comprendendo anche la eventuale sostituzione di parti di ricambio o consumo, la fornitura dei combustibili e la gestione delle stesse parti di ricambio o di

consumo.

Sono da considerarsi esclusi dall'appalto quegli eventi che possano imputarsi a cause indipendenti dalla volontà dell'Assuntore e che escludano ipotesi di imperizia o negligenza nell'espletamento dell'appalto, quali, ad esempio, interruzioni delle forniture di energia elettrica o gas da parte degli Enti preposti, o guasti di natura tale che possa configurarsi la necessità di addivenire ad interventi straordinari per il ripristino delle condizioni di efficienza, a condizione che tali guasti non abbiano origine dalla mancata prevenzione o incuria nella gestione.

Articolo 3 Obiettivi del contratto

Il Committente con un unico Contratto di appalto di Servizi si propone di perseguire i seguenti **obiettivi fondamentali**:
   a) la realizzazione di un **servizio integrato manutentivo e gestionale**, in grado di unificare le variegate esigenze di gestione dei diversi servizi, indispensabili alla funzionalità del patrimonio immobiliare in oggetto;
   b) l'effettuazione di **attività manutentive tempestive e razionali** in grado, non solo di mantenere costante nel tempo il livello minimo di efficienza del patrimonio, ma di realizzare l'aggiornamento e l'adeguamento funzionale e normativo dello stato dei beni alle diverse e mutevoli esigenze cui deve assolvere e, quindi, con una impostazione globale della gestione del servizio manutentivo;
   c) l'acquisizione della **dotazione degli elementi di conoscenza** e della più moderna **strumentazione tecnica di gestione** in grado di consentire la programmazione delle attività e delle risorse;
   d) il raggiungimento dell'**ottimizzazione della capacità di controllo** della qualità e dei costi dei servizi.

Articolo 4 Documenti contrattuali

Il presente contratto si fonda sui documenti e atti prodotti dal Committente e dall'Assuntore, che costituiscono la documentazione contrattuale, costituita in ordine di priorità da:
   a) capitolato speciale d'appalto;
   b) quadro economico dei servizi, con indicati analiticamente i corrispettivi a canone, quelli a misura e quelli a constatazione;
   c) elenco dei prezzi unitari per le lavorazioni a misura;
   d) computo metrico estimativo dei lavori a misura (manutenzione preventiva o programmata);
   e) relazione tecnica;
   f) progetto del Global Service di manutenzione;
   g) piani, disegni, progetti e descrizioni tecniche;
   h) piano di sicurezza in fase di esecuzione dei lavori;
   i) piano operativo di sicurezza P.O.S. redatto dall'Assuntore;

j) *fascicolo contenente le informazioni utili ai fini della prevenzione e protezione dei lavoratori;*
k) *anagrafe degli immobili e degli impianti del patrimonio di proprietà e/o in gestione al Committente;*

Articolo 5 Inventario dei beni

a) *elenco dei beni da mantenere;*
b) *stato di riferimento rispetto a parametri di definizione della specifica teorica, inventario di partenza (accettato dalle parti) che fissi lo stato di partenza dei beni oggetto del servizio;*
c) *stato a cui debbono essere ricondotti i beni rispetto allo stato di partenza.*

Articolo 6 Durata dell'appalto

La durata del presente contratto viene stabilita in anni .... a decorrere dal ...., tuttavia la gestione effettiva dei beni decorrerà dalla data del verbale di consegna dei lavori.
Il Committente si riserva la facoltà di concedere alla scadenza il rinnovo del contratto di anno in anno, per un periodo non superiore ad anni ...., con comunicazione effettuata mediante Raccomandata A.R. inviata almeno .... giorni prima della scadenza contrattuale.
La predetta scadenza avrà effetto anche per i servizi la cui consegna sia differenziata nel tempo, questi ultimi avranno quindi termine unitamente agli altri, salvo specifiche proroghe. Pertanto, per una definizione dei relativi importi presunti, sarà necessario un opportuno adeguamento, conseguenza della effettiva data di scadenza del contratto in essere e, quindi, della reale durata dei servizi stessi.

Articolo 7 Estensione o riduzione delle prestazioni

Il Committente si riserva inoltre la facoltà di estendere le prestazioni oggetto del contratto, in funzione delle proprie mutate esigenze attraverso emendamenti sottoscritti da entrambe le parti. In tale ipotesi il prezzo unitario delle prestazioni affidate in estensione non potrà superare quello delle prestazioni analoghe previste nel presente contratto e sarà comunque concordato tra le parti ai sensi della normativa sui LL.PP. ed in particolare secondo quanto attiene al concordamento dei nuovi prezzi.
Il Committente si riserva altresì la più ampia ed insindacabile facoltà di ridurre il complesso delle prestazioni oggetto del presente contratto, escludendo uno o più edifici tra quelli compresi nell'elenco allegato (art.5 punto a), a seguito di dismissione, a qualsiasi titolo, o cessazione di utilizzazione degli immobili.
Rimane in ogni caso escluso per l'Assuntore, in tale ultima evenienza, il diritto a qualsivoglia compenso o indennizzo, a qualsiasi titolo, anche risarcitorio, nonchè il diritto di recesso o di richiesta di risoluzione del rapporto. L'impresa rimarrà inoltre comunque obbligata all'esecuzione delle prestazioni così come ridotte.

Nel caso di riduzione il compenso forfetario sarà ridotto dell'importo relativo agli immobili esclusi.

Articolo 8 Verbale di consegna degli immobili

Con apposito verbale da redigersi in contraddittorio tra il Committente e l'Assuntore, o loro delegati, verranno dati in consegna gli immobili, le loro pertinenze e tutti gli impianti accessori oggetto del contratto. A tale verbale sarà allegata tutta la documentazione disponibile per ogni singolo immobile.
I servizi e le responsabilità contrattuali decorreranno dalla firma dei verbali di consegna ed avranno termine alla scadenza del contratto.
Con la firma del verbale di consegna l'Assuntore accetta comunque l'impegno dei fornire tutte le prestazioni, i servizi e le attività descritte nel capitolato d'oneri e nel capitolato tecnico di appalto, senza che possa trovare giustificazione alcuna per la mancata o incompleta documentazione sugli immobili o per qualsiasi altro motivo.
Nel medesimo verbale di consegna verrà dettagliatamente descritto lo **stato manutentivo degli immobili e degli impianti** *al fine di consentire alle parti di eliminare qualsiasi divergenza di vedute o difformità di interpretazioni riguardo alle prestazioni previste nei documenti contrattuali.*
In caso di interpretazioni difformi tra Committente e Assuntore riguardo allo stato manutentivo dei beni, resta comunque in capo a quest'ultimo l'obbligo di **mantenere lo standard di funzionalità del bene nello stato in cui si trova***, garantendo in ogni caso le prestazioni minime pattuite e descritte nel capitolato tecnico e nei documenti contrattuali.*

Articolo 9 Riconsegna degli immobili

Al termine del periodo di cui al presente contratto sarà effettuata una verifica completa degli immobili, nonchè di tutte le apparecchiature e gli impianti oggetto dell'attività manutentiva descritta nei documenti contrattuali, onde permettere, la constatazione della piena efficienza e del perfetto funzionamento degli stessi. Qualora il Committente non riscontrasse la piena efficienza degli immobili ed impianti affidati, richiederà per iscritto l'immediato ripristino all'Assuntore, cui saranno totalmente attribuite le relative spese, anche con riserva di risarcimento per eventuali maggiori danni.

Articolo 10 Ammontare dell'appalto

L'importo definitivo complessivo dell'appalto oggetto del presente contratto è pari ad €.................................. (somme a disposizione escluse) per la durata contrattuale di giorni .... ed è ripartito secondo i seguenti servizi:
1. *servizio gestione integrata, (€..);*
2. *servizio anagrafe, (€..............................);*
3. *servizio manutenzione delle opere edili ed impiantistiche manutenzione ordinaria / pronto intervento / esercizio impianti (€...............................);*

4. *servizio manutenzione straordinaria / interventi su richiesta (€.............................);*
5. *servizio energia (€.............................);*
6. *servizio pulizia ed igiene ambientale (€.............................);*
7. *servizio manutenzione arredi ed apparecchiature di ufficio (€.............................);*
8. *servizio manutenzione del verde (€.............................);*
9. *servizio traslochi e facchinaggio (€.............................).*

Il compenso annuo deve intendersi fisso ed è comprensivo delle attrezzature, mezzi d'opera, materiali espressamente previsti e quant'altro necessario per l'esecuzione di quanto contrattualmente previsto.

Articolo 11 Elenco prezzi unitari

Le opere eseguite a misura saranno compensate in base ai prezzi unitari contenuti nell'elenco prezzi allegato (art.4 punto b).

Articolo 12 Pagamenti

In corso d'opera saranno corrisposti all'Assuntore pagamenti trimestrali liquidati al raggiungimento dei risultati, come stabilito nel C.S.A., per lo svolgimento a regola d'arte del servizio, in conformità con gli standard e le caratteristiche di cui al progetto di Global Service e per lo svolgimento di ogni attività a ciò utile, necessaria o funzionale, ed altresì per l'adempimento di qualsivoglia obbligazione comunque inerente al presente accordo e al suo corretto e puntuale adempimento. Tale corrispettivo a canone forfetario, globale e onnicomprensivo a carico della Committente sarà pari a €........................, su base trimestrale a cui sommare dei bonus valutati in base all'attività prestata secondo i criteri determinati e regolamentati nel capitolato tecnico, oneri fiscali compresi, il cui pagamento dovrà essere effettuato entro .... giorni dalla data della fatturazione.

Per la manutenzione programmata o preventiva le liquidazioni saranno effettuate ogni qualvolta l'ammontare delle prestazioni avrà raggiunto l'importo di € .... al netto del ribasso contrattuale e delle ritenute di Legge.

Articolo 13 Compenso per interventi non previsti contrattualmente e relativi prezzi

La clausola deve prevedere tutti gli interventi che si possono rendere necessari durante la validità del contratto, di essi deve essere inserito un elenco nel capitolato tecnico, ed i tempi e le modalità di pagamento relative possono essere stabilite facendo riferimento ai criteri fissati dalla norma UNI 10146:1992, (misura, corpo, constatazione).

Articolo 14 Fatturazione
In funzione di quanto stabilito nel Capitolato Speciale d'Appalto e nel compenso, l'Assuntore emetterà fatture su propria carta intestata in cui saranno indicati:
- *numero di partita Iva;*
- *Codice Fiscale;*
- *estremi del contratto;*
- *dati specifici di riferimento a ciò che viene fatturato;*
- *importo dell'Iva;*
- *condizioni di pagamento contrattuali relative a detta fatturazione.*

Articolo 15 Responsabilità dell'Assuntore
Tra l'Assuntore ed il Committente vi sarà esclusivamente il rapporto derivante dal contratto di appalto. Pertanto viene escluso qualsiasi rapporto di lavoro subordinato, di agenzia o comunque di collaborazione tra al Committente e gli Ausiliari dell'Assuntore i quali risponderanno del proprio operato solo ed esclusivamente ad esso o ai soggetti a ciò appositamente incaricati (Preposti).
Durante lo svolgimento dei lavori l'Assuntore dovrà assicurare la presenza di un Responsabile, (Preposto) identificato nella persona del Sig. ...., che dovrà sovrintendere ai lavori e recepire le eventuali osservazioni e le istanze dei responsabili del Committente. L'eventuale sostituzione del Responsabile dovrà essere previamente comunicata per iscritto al Committente. Le parti convengono che qualsiasi comunicazione da parte dell'Appaltatore alla Committente relativa al servizio, debba essere inoltrata ai Preposti, i cui nominativi saranno comunicati alla stessa entro giorni............. dalla sottoscrizione del presente contratto.
L'Assuntore si obbliga al rispetto degli impegni presi ai precedenti punti, ma avrà comunque la libertà di determinare modalità e termini di esecuzione di tutte le attività che ritenesse necessarie o utili al raggiungimento della qualità e caratteristiche del servizio da eseguirsi.
L'Assuntore si impegna ad osservare scrupolosamente tutte le disposizioni di legge inerenti al contratto ed in particolare:
- a) *ad assicurare al proprio personale un trattamento normativo e retributivo non inferiore a quanto stabilito dalle norme contrattuali in vigore per la categoria di appartenenza;*
- b) *a provvedere alle assicurazioni relative agli infortuni sul lavoro, per l'assistenza malattia e previdenza sociale e a osservare tutte le vigenti disposizioni in materia di legislazione del lavoro;*
- c) *ad adottare tutte le predisposizioni ed i provvedimenti atti ad evitare il verificarsi di infortuni e danni alle persone o alle cose;*
- d) *ad attenersi a tutte le norme di legge vigenti in materia di igiene e sicurezza del lavoro;*
- e) *ad osservare durante la permanenza nei locali dei clienti gli eventuali regolamenti ivi applicabili;*
- f) *a rispettare le procedure di sicurezza adottate dai clienti.*

Articolo 16 Oneri a carico dell'Assuntore

Sono a carico dell'Assuntore tutte le spese relative alla stipulazione del presente contratto, nonchè tutti gli adempimenti relativi allo svolgimento delle pratiche e all'ottenimento di autorizzazioni, permessi, licenze, servitù eccetera, necessari all'esecuzione dei lavori di manutenzione.

L'Assuntore deve inoltre prevedere, in prossimità dei cantieri, aree, locali, servizi, acqua energia elettrica per forza motrice e illuminazione, aria compressa e vapore nella misura necessaria all'esecuzione dei lavori.

Nel caso ve ne sia necessità, l'Assuntore deve precisare al Committente e questi deve a sua volta dichiararne la disponibilità, di un luogo nel quale formare il cantiere e/o il deposito dei materiali, nonchè le condizioni di accesso a tali aree, inoltre, qualora i luoghi nei quali si dovrà svolgere il servizio presentino condizioni particolari di pericolo, il Committente dovrà informare l'Assuntore delle specifiche norme interne di tali luoghi.

Articolo 17 Avviamento del contratto

In relazione alla entità ed alla complessità delle prestazioni dedotte in contratto è prevista una fase di avviamento della durata di mesi ...., durante tale periodo:
1. verranno fornite all'Assuntore, anche attraverso l'effettuazione di sopralluoghi e visite ispettive, tutte le informazioni necessarie a permettergli di assimilare le cognizioni gestionali e tecnico-operative del patrimonio;
2. le parti potranno monitorare e testare tutte le condizioni pattuite al fine di perfezionare i propri accordi relativamente a quanto previsto dal capitolato tecnico e dal progetto del Global Service di manutenzione;
3. le parti dovranno inoltre verificare lo stato di conservazione dei beni e redigere il relativo verbale che dovrà essere sottoscritto ed approvato da Committente ed Assuntore.

Articolo 18 Sistemi informativi

Entro il termine di mesi .... dalla stipula del contratto, l'**Assuntore si impegna a completare il caricamento dei dati sul Sistema Informatico ed informativo**, composto da una base dati contenente tutte le informazioni relative al contratto e da un sistema di consultazione e di reporting che sia idoneo a fornire in ogni momento tutte le notizie necessarie alla conoscenza ed al controllo dell'attività da parte del Committente.

Il sistema, messo a punto, potrà essere integrato o modificato a facoltà del Committente.

Il programma di manutenzione dovrà essere gestito mediante l'utilizzo di un software accettato dal Committente. Tale strumento, utilizzato per l'espletamento di tutte le attività manutentive, per la raccolta dei dati e delle informazioni relative alla richiesta ed alla effettuazione degli interventi di manutenzione, nonchè per la formazione di tutti gli archivi relativi sia allo stato dei beni che alle attività eseguite e loro modalità, dovrà essere totalmente compatibile con i sistemi informatici in uso al Committente.

Se sarà d'interesse del Committente, questi si impegna a collaborare con l'Assuntore per la realizzazione di eventuali interfacce con altri pacchetti informatici o per la realizzazione di un sistema di raccolta ed implementazione dei dati in tempo reale, restando a carico dell'Assuntore gli oneri relativi.

Articolo 19 Proprietà delle informazioni

Le informazioni contenute negli archivi informatici ed utilizzate a supporto dell'espletamento delle attività manutentive sono e restano di proprietà del Committente, potendo l'Assuntore utilizzarle esclusivamente durante il rapporto contrattuale ed al solo fine dell'adempimento delle obbligazioni dedotte in contratto.
Il Committente dovrà in ogni caso avere accesso a tutte le informazioni contenute nel sistema informativo stesso.
Alla conclusione del rapporto contrattuale tutte le informazioni e gli archivi restano nella proprietà e disponibilità esclusiva del Committente.

Articolo 20 Progetto della manutenzione

La manutenzione dovrà essere basata su un progetto, elaborato a cura dell'Assuntore e approvato dal Committente, delle attività di manutenzione ordinaria e straordinaria da eseguire, che analizzi gli interventi e illustri le scelte in base alle quali si determinano le frequenze, le motivazioni delle scelte relative alla cadenza temporale degli interventi, nonchè tutte le informazioni relative alle modalità di effettuazione delle attività manutentive.
L'Assuntore redigerà pertanto un **programma quadro per tutta la durata dell'appalto**, relativo alla totalità degli immobili ed impianti in essi contenuti, a cui saranno allegati specifici programmi di manutenzione relativi ciascuno ad un singolo immobile, contenenti i dati particolari delle apparecchiature e dei componenti installati in ciascuno.

Articolo 21 Riservatezza

L'Assuntore si impegna ad adempiere a ogni disposizione di legge concernente il **trattamento dei dati personali** sia dei propri dipendenti che di tutti i fruitori del servizio e, dunque, in particolare ed a titolo esemplificativo ad effettuare l'informativa di legge, ad acquisire ed a trasmettere al Committente il consenso scritto rilasciato all'esito della stessa da ciascun dipendente o fruitore del servizio.
Fermo il disposto dell'articolo 2598 n. 3 c.c., costituisce atto di concorrenza sleale la rivelazione a terzi oppure l'acquisizione o utilizzazione da parte di terzi in modo contrario alla correttezza professionale di informazioni aziendali, ivi comprese le informazioni commerciali soggette al legittimo controllo di un concorrente ove tali informazioni:
- siano segrete, nel senso che non siano nel loro insieme o nella precisa configurazione e combinazione dei loro elementi, note o facilmente accessibili agli esperti e dagli operatori di settore;
- abbiano un valore economico solo in quanto siano segrete;

- *siano sottoposte, da parte dei soggetti a ciò preposti, a misure di sicurezza idonee a mantenerle segrete.*

L'Assuntore, poichè nell'adempimento degli obblighi nascenti dal presente contratto potrà venire a conoscenza di dati e informazioni riservate, si impegna a mantenere ed a far mantenere dal proprio personale, con ciò obbligandosi anche per il fatto del terzo ex articolo1381 c.c., alla massima riservatezza circa il know how fornito dal Committente, ogni progetto e le tecnologie applicate, gli sviluppi possibili ed ogni e qualsiasi dato che sia fornito da e per il Committente. Le informazioni tecniche fornite o comunicate dal Committente all'Assuntore potranno essere da quest'ultimo utilizzate solo per la corretta esecuzione dell'incarico.

In ogni caso, l'Assuntore dà atto che tutte le **informazioni tecniche, gestionali e organizzative** *delle quali eventualmente venisse a conoscenza nel corso del rapporto sono coperte da segreto e, pertanto, si obbliga a non usare e rivelare a terzi dati tecnici, disegni, informazioni tecniche e ogni altra similare informazione senza la preventiva autorizzazione scritta del Committente.*

L'Assuntore si obbliga altresì a sottoscrivere e far sottoscrivere al proprio personale, ai sensi dell'articolo1381 c.c., gli impegni alla riservatezza di cui il Committente ritenga opportuna la sottoscrizione.

L'Assuntore si impegna inoltre a non divulgare a terzi ed a non utilizzare direttamente o indirettamente notizie e dati relativi ai clienti del Committente di cui verrà a conoscenza, se non per l'adempimento degli obblighi legati all'esecuzione del contratto.

Tutto il **materiale e** *il* **supporto tecnico** *che venga eventualmente conferito dal Committente per le necessità legate al corretto adempimento delle obbligazioni scaturenti dal presente contratto, è e rimane di esclusiva proprietà della stessa Committente, e potrà essere utilizzato dall'Assuntore solo ai fini contrattualmente previsti.*

La violazione di qualsiasi obbligo *inerente alla segretezza previsto dai precedenti articoli, determinerà l'immediata risoluzione del presente contratto, ai sensi e per gli effetti dell'articolo1456 c.c., previa semplice dichiarazione del Committente di volersi avvalere della presente clausola; l'Assuntore sarà inoltre tenuto a corrispondere al Committente, a titolo di penale, salva la prova dell'eventuale maggior danno subito, l'importo di €................................. per ogni violazione accertata.*

Articolo 22 Reperibilità

L'Assuntore dovrà assicurare la reperibilità, in ogni giorno ed a qualsiasi ora, del personale tecnico necessario all'effettuazione degli interventi di emergenza attuati al fine di evitare l'insorgere di pregiudizi agli immobili, agli impianti o ai sistemi di sicurezza. L'intervento della squadra di emergenza dovrà avvenire entro............ ore dalla segnalazione. Al fine di poter realizzare gli interventi di cui sopra con la massima celerità sarà onere dell'Assuntore predisporre un servizio di raccolta delle chiamate attivo ventiquattro ore al giorno o, comunque, indicare la persona del responsabile di tale servizio

Articolo 23 Subappalto
Si conviene fin d'ora la possibilità di subappaltare le seguenti opere specialistiche ...., fermo restando che in ogni caso l'Assuntore è l'unico responsabile nei confronti del Committente.

Articolo 24 Essenzialità delle clausole
L'Assuntore con la sottoscrizione del presente contratto dichiara espressamente che tutte le **clausole e condizioni previste** in esso ed in tutti gli altri documenti che ne costituiscono parte integrante, **hanno carattere di essenzialità**.
In particolare, dopo la stipulazione del contratto, l'Assuntore non potrà più sollevare eccezioni aventi ad oggetto le aree, le condizioni e le circostanze locali nelle quali gli interventi si debbono eseguire, nonchè gli oneri connessi e le necessità di dover usare particolari cautele e adottare determinati accorgimenti; pertanto nulla potrà eccepire per eventuali difficoltà che dovessero insorgere durante l'esecuzione degli interventi.

Articolo 25 Comunicazioni fra Committente ed Assuntore
Tutte le comunicazioni formali fra Committente ed Assuntore dovranno essere effettuate in forma scritta.
Esse possono essere indirizzate al domicilio dell'Assuntore o notificate direttamente al suo Rappresentante per mezzo di ordini di servizio, in duplice copia, una delle quali deve essere firmata in segno di ricezione e rispedita al Committente. Qualora l'Assuntore non presenti per iscritto le sue osservazioni entro .... giorni dalla ricezione, le comunicazioni si considerano integralmente accettate.

Articolo 26 Call center
L'Assuntore si impegna inoltre a predisporre un **punto di raccolta delle richieste di intervento provenienti dal Committente**. L'Assuntore potrà ricevere chiamate direttamente dai vari uffici aventi in uso gli immobili e gli impianti del committente, in tale ipotesi avrà l'onere di segnalare la chiamata al Committente e sarà compito dei Preposti provvedere, per ogni chiamata, alla raccolta, registrazione, smistamento all'Ausiliario competente per zona, nonchè alla chiusura dell'intervento, azioni che dovranno essere tutte registrate nel rapporto di intervento.
Sarà, inoltre, cura dell'Assuntore mantenere aggiornato l'elenco assegnatogli tramite tempestive segnalazioni, attraverso la corretta e precisa applicazione delle procedure in vigore per le chiamate sopra descritte, e per la conseguente fatturazione e alimentazione del sistema di rilevazione statistica dei parametri di qualità

Articolo 27 Rescissione per inadempimento
Il Committente si riserva ampia ed insindacabile facoltà di rescindere in qualsiasi momento il contratto, qualora l'Assuntore si renda inadempiente agli obblighi stabiliti in contratto, ciò senza necessità di preavviso, di costituzione in mora, nè di qualsiasi altro atto.

La rescissione sarà intimata all'Assuntore mediante lettera raccomandata con ricevuta di ritorno, e, in seguito alla rescissione si procederà alla individuazione e valutazione dei servizi e forniture eseguiti dall'Assuntore fino al momento della rescissione e, previa ritenuta dei crediti per penali e risarcimento danni, si farà luogo al pagamento del loro ammontare. L'Assuntore stesso sarà in ogni caso tenuto al risarcimento dei danni derivati al Committente quale conseguenza della anticipata risoluzione del contratto causata dall'inadempimento, nonchè alla retribuzione di eventuali terzi ai quali il Committente abbia affidato l'esecuzione delle attività manutentive in sostituzione dell'Assuntore.

Articolo 28 Clausola risolutiva espressa

Ai sensi dell'articolo 1456 c.c., costituiscono clausola risolutiva espressa le inadempienze contrattuali, come sotto indicate, che dovessero verificarsi durante lo svolgimento dei servizi:

- indisponibilità ad eseguire interventi nei termini indicati dal Committente;
- indisponibilità ad eseguire interventi urgenti anche non programmati;
- mancata esecuzione senza preavviso di intervento programmato;
- mancato rispetto delle norme di sicurezza o di trattamento del personale;
- contabilità non rispondente alle prescrizioni del capitolato o mancanza di elaborati contabili sugli interventi eseguiti;
- ripetute mancanze che abbiano causato almeno tre verbalizzazioni di penale nell'arco di un trimestre.

Articolo 29 Controlli e penali

Ferma restando la facoltà di risoluzione del Contratto per le inadempienze più gravi di cui sopra, per inadempienze meno gravi potrà essere applicata, a giudizio del Committente, una **riduzione del compenso pattuito per il minor servizio prestato e/o per il danno arrecato**, mediante l'applicazione delle penali e provvedimenti di seguito indicati. Le inadempienze saranno valutate nella mancata resa del servizio intesa come mancata corrispondenza alle esigenze di attività che il Committente deve svolgere negli edifici oggetto del contratto. Il riscontro della corretta esecuzione del servizio sarà effettuato da personale specializzato a ciò delegato dal Committente. Il responsabile effettuerà un controllo oggettivo sull'effettuazione della prestazione, anche attraverso la verifica della presenza in servizio degli addetti all'appalto, i quali dovranno annotare la propria presenza in un apposito registro. Ogni inadempienza dovrà essere contestata, con lettera Raccomandata A.R:, all'Assuntore, il quale, entro giorni........... dal ricevimento, dovrà fornire eventuali giustificazioni che verranno vagliate dal sistema di controllo del Committente. Qualora l'Assuntore non fornisca giustificazioni, il Committente procederà all'applicazione delle penali. Saranno inoltre ad esclusivo carico dell'Assuntore le eventuali **sanzioni**, di qualunque tipo, che, a seguito dell'effettuazione di verifiche previste dalle leggi vigenti in materia di conduzione o di manutenzione degli impianti, siano comminate al Committente, con la sola esclusione del caso in cui l'Assuntore abbia segnalato al Committente la necessità di un intervento straordinario richiesto dalla legge ed il Committente abbia, per iscritto, disposto la sospensione di esso. L'applicazione delle penali non esonera l'Assuntore dalla rifusione degli eventuali danni arrecati.

Articolo 30 Esecuzione in danno

Qualora l'Assuntore non dia corso all'esecuzione delle prestazioni ordinate dal Committente, anche dopo l'assegnazione di un termine perentorio commisurato all'urgenza del servizio stesso, il Committente ha il diritto di procedere direttamente all'esecuzione utilizzando, a tal fine, la propria organizzazione o quella di terzi.
I maggiori oneri che il Committente dovesse eventualmente sopportare rispetto a quelli derivanti dall'applicazione del contratto, saranno a totale carico dell'Assuntore

Articolo 31 Controversie e loro risoluzione

In caso di controversie relative all'interpretazione del Contratto o dei suoi allegati, ovvero all'esecuzione del servizio, la parte attrice ne darà comunicazione all'altra. Nelle contestazioni in merito alla **validità, esecuzione, attuazione, interpretazione, efficacia e risoluzione del contratto** nonchè di patti integrativi e/o comunque inerenti il contratto, la relativa controversia verrà decisa, senza formalità di procedura, da un Collegio di tre arbitri amichevoli compositori, due dei quali nominati uno per ciascuna delle parti ed un terzo che avrà funzione di Presidente, di comune accordo tra le parti stesse. Qualora la nomina del Presidente non fosse possibile per il disaccordo delle parti, provvederà il Presidente del Tribunale del luogo ove hanno sede i lavori, parimenti sarà competente il Presidente dello stesso Tribunale per la nomina dell'arbitro di quella delle parti che, invitata a nominare il proprio arbitro, abbia omesso di provvedervi entro 20 giorni decorrenti dalla comunicazione di nomina inviata dall'altra parte. Le spese della procedura arbitrale saranno divise fra le parti in eguale misura.
Sede del Collegio arbitrale è il luogo di esecuzione dei lavori.

Articolo 32 Foro competente

Per qualsiasi controversia, comunque dipendente dal presente Contratto, Foro territorialmente competente sarà, per specifico accordo tra le parti, esclusivamente quello di ....

Articolo 33 Approvazione specifica

L'Assuntore dichiara espressamente di riconoscere e di approvare, ai sensi e per gli effetti degli artt.1341 e 1342 c.c., tutte le condizioni, nessuna esclusa, indicate in tutti gli articoli del presente contratto e dei suoi allegati.

Luogo.. Data..

Firme

2.3 Misura e Valutazione del servizio

Stipulato il contratto di Global Service e trascorso un periodo di avviamento, necessario per portare il sistema a regime, dovranno essere valutati alcuni parametri in grado di misurare il servizio reso o meglio la pluralità di servizi. Se le attività di manutenzione standard sono facilmente misurabili in termini quantitativi, il Global Service presuppone una serie di parametri per la valutazione anche qualitativa del servizio che possono risultare di maggiore complessità interpretativa. Le attività manutentive e gestionali devono raggiungere determinati livelli di soglia prestazionale, quindi dei livelli di funzionalità ed efficienza. Solitamente questi livelli si riferiscono alla durata ed alla cadenza degli interventi stessi, nonché alla soglia prestazionale standard contrattualmente stabilita.

Per misurare la qualità di un servizio fornito in regime di Global Service, in definitiva e in modo generale, si possono utilizzare alcuni parametri, tra questi i principali sono rappresentati dai seguenti:
- soddisfazione dell'utenza;
- riduzione dei tempi di risposta riguardo alle singole problematiche;
- diminuzione degli interventi a guasto in favore delle manutenzioni programmate;
- pianificazione, con conseguente riduzione dei costi;
- adeguamento degli edifici e degli impianti con conseguente rispetto delle norme di sicurezza;
- attendibilità dei dati inseriti nel sistema informativo.

L'indicatore *"soddisfazione"* è di carattere soggettivo, relativo soprattutto alla qualità percepita e viene rilevato attraverso questionari ed indagini mirate rivolte sia agli utenti, che giornalmente usufruiscono del patrimonio immobiliare, quanto al responsabile della gestione del contratto. Solitamente è l'Assuntore che provvede alla preparazione, alla distribuzione e al ritiro dei questionari ed alla registrazione dei dati. Molto spesso in queste indagini gli utenti sono invitati a dare un punteggio a svariate voci, del tipo: qualità dell'intervento manutentivo, disponibilità dei luoghi durante l'intervento, tempestività degli interventi, innalzamento generale dello standard manutentivo. Il giudizio potrà articolarsi in scale di merito dalle quali ricavare informazioni sul servizio erogato. Molte volte si costruisce una matrice d'importanza nella quale collocare i risultati ottenuti, ovviamente questo parametro è molto importante sia per le aziende private, quanto per le Pubbliche Amministrazioni, che nella qualità di Committenti offrono servizi ai cittadini. In Figura 2.3.1 è riportato un esempio di suddetta matrice:

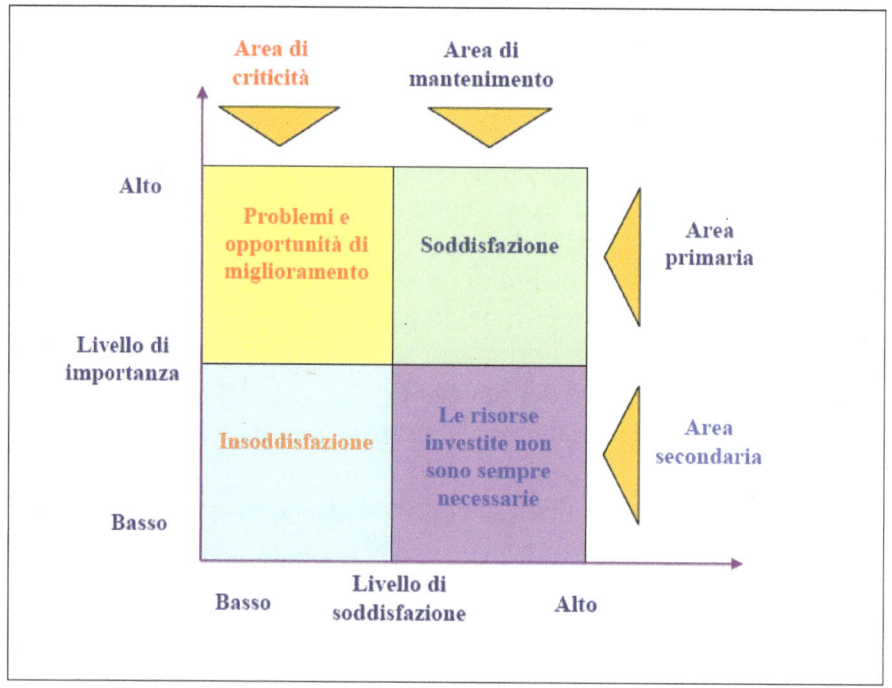

Figura 2.3.1: Matrice d'importanza dei risultati ottenuto

L'indicatore "*Tempestività*", cioè la riduzione dei tempi di risposta alle singole problematiche, deve individuare mensilmente le intempestività manutentive. Possono essere definite e rilevate come intempestività situazioni e circostanze come un ritardo oltre un certo tempo limite prestabilito per gli interventi a chiamata per guasto, oppure un ritardo oltre un certo tempo limite prestabilito per gli interventi a chiamata di emergenza. La raccolta e l'elaborazione di questi dati è utile per confrontare la situazione prima e dopo la stipulazione del contratto. Più significativo potrebbe essere il calcolo del tempo medio di risposta.

Per quanto riguarda il terzo elemento valutativo e cioè la diminuzione degli "*interventi a guasto*" in favore delle manutenzioni programmate, si può affermare che l'applicazione di un contratto di Global Service dovrebbe consentire l'aumento della programmazione degli interventi manutentivi, a discapito degli interventi a guasto. Ottimizzando l'efficacia preventiva, la programmazione e la diagnostica, si otterrà una diminuzione percentuale degli interventi di emergenza. Questo miglioramento risulta facilmente quantificabile e di notevole importanza per la valutazione del servizio manutentivo.

L'indicatore "*adeguamento e rispetto delle norme di sicurezza*" è un indicatore di carattere in parte soggettivo e in parte oggettivo. Verranno rilevati giudizi soggettivi articolati in scale di merito ed espressi dal responsabile della sicurezza, riguardanti, ad esempio, il rispetto delle procedure e i mezzi di protezione adottati. I dati oggettivi saranno rilevati dallo stesso responsabile della sicurezza a seguito di gravi infrazioni alle norme, con conseguenze specificate nel contratto. Ovviamente questi indicatori sono di carattere generale e dovranno essere riadattati al contesto di applicazione o aggiunti di nuovi, in modo da fornire informazioni significative al monitoraggio del servizio e all'innesco del processo di miglioramento continuo. Occorre precisare che frequentemente, in sede di contrattazioni, non è possibile quantificare gli obiettivi, a causa della scarsa prevedibilità prestazionale e per l'aleatorietà dei parametri di definizione. Questo rende difficoltoso definire in termini oggettivamente misurabili i risultati attesi dal Global Service. In linea generale, per tutto ciò che riguarda la qualità prestazionale degli interventi, come obiettivo minimo può essere fissato il miglioramento dello stato attuale del patrimonio immobiliare mediante opportuni confronti e parametri, documentato preventivamente e risultante da appositi verbali. Per gli impianti la funzionalità nel rispetto delle norme di sicurezza è un valido e quantificabile riferimento oggettivo.

In relazione a quanto detto, risulta chiaro che il Committente dovrebbe individuare tutte le componenti significative stabilendo delle ipotesi di intervento, l'Assuntore potrà in questo modo formulare, in sede di offerta, i piani manutentivi, che diventeranno oggetto del contratto.

Gli obiettivi di servizio invece, sono la risultante delle diverse prestazioni (organizzative, tecniche, gestionali,…) e delle modalità di esecuzione e fornitura delle stesse, in termini di tempestività e affidabilità.

Requisito fondamentale per il successo del Global Service è la capacità di controllo del rispetto degli obiettivi prefissati, risulta pertanto fondamentale prevedere, come già esposto sopra, dei parametri valutativi ad hoc in modo da fotografare al meglio la situazione reale.

2.4   I vantaggi del Global Service

L'adozione di un contratto Global Service, per una Pubblica Amministrazione, se implementato e gestito secondo i criteri dell'IDM comporta l'acquisizione di diversi vantaggi di tipo tecnico, organizzativo, operativo, economico e finanziario.

Il Committente acquista dal fornitore un servizio che per quest'ultimo rappresenta il proprio core-business, di conseguenza, l'Assuntore ha sviluppato un know how specifico difficilmente paragonabile a quello interno dello stesso Committente per il quale l'oggetto del servizio non rappresenta l'attività principale.

I vantaggi tecnici e organizzativi derivanti dall'attuazione di un contratto di Global Service si possono così riassumere:
- razionalizzazione funzionale del personale interno all'Ente Committente;
- delega da parte del Committente di tutte le funzioni che esulino dalle indicazioni progettuali e dal controllo;
- unicità contrattuale con conseguente riduzione di tempi ed energie profuse;
- snellimento procedurale derivante dall'unicità dei contraenti/partner:

- acquisizione di know how gestionale derivante da esperienze specializzate;
- ottimizzazione nella gestione dei mutamenti tecnologici;
- garanzie sul mantenimento degli standard prestazionali.

I più importanti vantaggi operativi derivanti dall'attuazione di un contratto di Global Service sono:
- garanzia della continuità del servizio manutentivo e degli standard qualitativi concordati;
- garanzia dei tempi d'intervento pattuiti;
- maggiore flessibilità;
- semplificazione delle procedure di comunicazione;
- eventuale semplificazione dei contenziosi;
- razionalizzazione dei tempi e delle risorse per il fornitore del servizio.

In ultimo, ma non per importanza, si elencano i più significativi e evidenti vantaggi di tipo economico e finanziario derivanti dall'attuazione di un contratto di Global Service:
- contrazione dei costi di personale per il committente;
- contrazione dei costi amministrativi;
- distribuzione su più annualità delle spese e degli ammortamenti per il fornitore del servizio; fruizione di sconti su forniture di entità elevate;
- semplificazione della contabilità derivante dall'unicità del partner;
- contrazione degli investimenti fissi con risparmio complessivo sui costi di gestione per il committente;
- controllo costante delle spese;
- possibilità di programmazione finanziaria per l'assuntore derivante da un flusso di entrate prevedibile;
- incremento del valore del patrimonio;
- semplificazione nella redazione del bilancio per l'Ente Committente.

Capitolo III

La scelta per la manutenzione e la gestione di un patrimonio immobiliare scolastico di una Amministrazione Comunale

3.1 Il progetto strategico e le norme di riferimento

Come abbiamo potuto approfondire nei precedenti capitoli la gestione del patrimonio immobiliare di un'Azienda, oppure di un Ente, ha ormai assunto una tale rilevanza che coinvolge non solo notevoli risorse economiche ma è trasversale a molteplici altre funzioni e competenze, solo apparentemente estranee alla gestione vera e propria.

È dunque opportuno parlare di "ingegnerizzazione" della manutenzione ed è altresì indispensabile l'interazione tra il Facility Management (nel nostro caso rappresentato dal contratto di Global Service) e l'ingegneria, sia essa applicata all'economia e alla gestione o puramente e squisitamente intesa come disciplina tecnica.

La messa a punto di un sistema organico ed efficiente presuppone pertanto la definizione di un progetto strategico di manutenzione e gestione supportato dall'IDM. Partendo dalla razionale cognizione che ogni progetto, si sviluppa, per definizione dalla conoscenza e dall'analisi dei problemi che deve risolvere e che non esistono soluzioni univoche e precostituite, l'ottimizzazione di un progetto significa individuare soluzioni capaci di "ottimizzare i risultati attesi", selezionando per ogni componente, tra soluzioni alternative, quella in grado di soddisfare le esigenze. Un corretto percorso progettuale nel settore della gestione del patrimonio deve pertanto affrontare:
- il sistema delle esigenze;
- la struttura organica, le sue gerarchie, il sistema procedurale della pratica;
- le funzione ed i ruoli dei vari uffici;
- il numero, le competenze e le capacità del personale;
- gli ambienti, gli strumenti ed i mezzi necessari all'attività;
- i rapporti tra gli ambiti tecnici ed amministrativi.

Un modello progettuale deve peraltro confrontarsi con i tre diversi livelli di gestione e cioè organizzativo, operativo ed esecutivo. Sia in caso d'Autogestione totale che di Terziarizzazione le procedure messe a punto nel "modello progettuale" devono essere congruenti con i principi fondatori del Servizio:
- altamente funzionale e orientato alla qualità;
- capace di verificarsi continuamente e di apportare il massimo rendimento alla gestione patrimoniale.

La Circolare del Ministero dei Lavori Pubblici del 07/10/1996, n°4488/UL afferma tra i sui contenuti che "…. appare… necessario attrezzarsi in modo aperto verso quelle soluzioni che… risulteranno più vantaggiose per l'Amministrazione".

Pertanto, prima di addentrarci nello specifico ambito applicativo, è opportuno richiamare a questo punto alcuni concetti presenti oggi nella normativa UNI. In tabella 1.1.1 si elencano le normative UNI di riferimento:

NORMA DI RIFERIMENTO	CONCETTI DELLA NORMA DI RIFERIMENTO
UNI 9910	Terminologia sulla fidatezza e sulla qualità del servizio;
UNI 10147	terminologie connesse ai servizi di manutenzioni
UNI 10604	Criteri di progettazione, gestione e controllo dei servizi di manutenzione degli immobili
UNI 10685	Criteri per la formulazione di un contratto di Global Service di manutenzione
UNI 10874	Criteri per la manutenzione dei patrimoni immobiliari
UNI 10951	Sistemi Informativi per la gestione dei patrimoni immobiliari
UNI 11136	Global Service per la manutenzione dei patrimoni immobiliari

Tabella 4.1.1: Norme UNI di riferimento

In particolare nella norma *UNI 9910* il concetto di fidatezza richiede che il Servizio Manutentivo abbia la proprietà di garantire:
- affidabilita', cioè il bene immobile deve svolgere la funzione richiesta;
- disponibilita', quindi certezza di poter fare affidamento sul bene;
- sicurezza, intesa come assenza di pericoli.

La norma prevede e disciplina anche le problematiche riferite al tempo e ai ritardi amministrativi e logistici; vale la pena ricordare che la tempestività d'intervento condiziona la scelta del tipo di intervento e che i ritardi sminuiscono l'economia del risultato.

Nella norma *UNI 10147* del 1996 sono esplicitate tutte le terminologie corrette per l'individuazione dei servizi connessi alle manutenzioni.

Nella norma *UNI 10604* del 1997 si rintracciano i concetti essenziali per individuare la "strategia immobiliare" e la "politica di manutenzione", cioè il percorso logico - organizzativo da sviluppare per individuare da un lato gli standards di qualità dei servizi e dall'altro i livelli di spesa possibili in base ai risultati attesi.

La norma *UNI 10685* del 1998 stabilisce invece che il compenso deve essere onnicomprensivo, remunerativo, fisso ed invariabile permettendo così una sicura pianificazione finanziaria.

Nella norma *UNI 10874* del 2000 si sposta l'attenzione dal costo di costruzione al costo globale.

La norma *UNI 10951* del 2001 traccia le linee guida di riferimento dei "Sistemi Informativi" per la gestione della manutenzione dei patrimoni immobiliari.

La norma *UNI 11136* del 2004 riguarda specificatamente i contratti di terziarizzazione in Global Service, per la manutenzione dei patrimoni immobiliari, tracciandone le linee guida.

Alla manutenzione, come più volte sottolineato nei precedenti capitoli, è oggi affidato un compito diverso rispetto al passato quando era considerata un costo pesante da sopportare. Quindi il mantenimento efficiente di un complesso edilizio (in particolare quello scolastico), deve essenzialmente garantire il regolare funzionamento dei sistemi tecnologici e la permanenza dei requisiti originari di affidabilità del bene stesso, costantemente aggiornati alle nuove esigenze normative, culturali e sociali.

Questa attenzione allo "stato di prestazionalità" è oggi espressione dell'evoluzione economica e sociale. Si sta passando cioè da un concetto di manutenzione-costo alla manutenzione-garanzia, da un concetto di acquisto di un servizio all'acquisto di un risultato. Si è acquisita finalmente la nozione di "costo globale", che ha sostituito il semplice pensiero di "costo di costruzione".

Partendo da questi presupposti il Global Service, applicato al patrimonio edilizio scolastico, può essere definito come filosofia innovativa che regola, in maniera integrata, articolata e completa, i molteplici servizi gestionali e manutentivi che hanno attinenza, oltre che con il patrimonio immobiliare stesso, anche con le attività che in esso vi si svolgono, con lo scopo di creare i presupposti per economie di scala nella gestione, unitamente ad efficienza nelle attività di coordinamento e controllo da parte dell'Ente Pubblico.

3.2 Il ruolo dell'ente pubblico

Il Patrimonio Immobiliare, come si evince dal termine stesso, costituisce ricchezza ed è compito dell'Ente Pubblico garantire che questa profusione sia nel tempo gestita con l'obiettivo di una costante cura e di un regolare aggiornamento, al fine di impedirne il degrado. Ciò è possibile impostando sani concetti di gestione, manutenzione ed adeguamento alle normative esistenti.

Tra le attività istituzionali dell'Ente Pubblico sono sempre più rare le funzioni operative di manutenzione del Patrimonio Immobiliare, ma parallelamente diventano sempre più strategiche quelle di indirizzo, di supporto amministrativo e di gestione dei servizi per la collettività.

Gestione, manutenzione ed adeguamento normativo del Patrimonio Immobiliare si configurano pertanto sempre più come attività ausiliarie, quando non addirittura veri e propri impedimenti. Con l'affidamento delle opere di manutenzione ordinaria e straordinaria in Global Service sarà possibile rendere continua un'azione che, solitamente, è affrontata con discontinuità, obbligando l'Amministrazione a costose operazioni di "azzeramento" rispetto ai danneggiamenti che l'incuria provoca, con gravi perdite finanziarie e degrado progressivo del patrimonio.

La determinazione di un rigido capitolato prestazionale e di uno standard qualitativo di partenza saranno incombenze sufficienti a fornire al Committente controllore i giusti parametri sulla base dei quali gestire l'operatività del Partner/Fornitore, che d'ora in poi definiremo Assuntore.

Queste semplicissime considerazioni stanno alla basé delle attività di terziarizzazione in campo gestionale/manutentivo sui Patrimoni Immobiliari che trovano applicazione in numerose realtà private e bene si prestano alle realtà pubbliche. Per l'Ente Pubblico diviene quindi condizione ottimale, dal punto di vista gestionale, poter contare su un solido soggetto imprenditoriale privato capace di affiancarlo, rilevando tutti i compiti "estranei" alla funzione pubblica e particolarmente consueti invece nell'ambito delle attività imprenditoriali. In questo caso il Fornitore-Assuntore si attiva, presso l'Utente-Committente, con la gestione e non solo con l'erogazione del servizio: la distinzione tra i due concetti è fondamentale, anche perché introduce la possibilità di offrire all'Assuntore un compenso parametrato al successo della strategia dei servizi concordata con il Committente (vedi concetto di fidatezza introdotto dalla norma UNI 9910 – par.4.1). Ciò rappresenta uno dei concetti più importanti (se non il più importante in assoluto) che caratterizza il contratto di Global Service.

Prendiamo adesso in esame un Comune che gestisce la manutenzione ordinaria e straordinaria dei propri immobili adibiti a scuole materne, elementari e medie (complessivamente 170 plessi dislocati su tutto il territorio comunale), mediante il personale dipendente della Direzione Manutenzioni e Servizi Tecnici – Servizio Programmazione e Controllo Manutenzione Edifici Scolastici (M.E.S.), nonché con imprese esterne all'Amministrazione Comunale, per gli interventi di natura specialistica. Gli unici servizi affidati all'esterno, con specifici capitolati d'oneri, riguardano la conduzione degli impianti termici e il servizio di pulizia che per le scuole dell'obbligo è demandato al C.S.A..

Il tipico servizio di manutenzione ordinaria e straordinaria è quindi effettuato in parte con personale dipendente e in parte attraverso imprese, individuate con gare ufficiali mediante la procedura dell'Asta Pubblica e, solamente per casi eccezionali e di limitato importo, tramite ditte specializzate individuate mediante le procedure di "somma urgenza".

Nel Comune, preso in esame, si sta in atto verificando una situazione che trova analogia nella maggior parte degli Enti Pubblici: infatti negli ultimi anni la situazione gestionale del Servizio M.E.S. si è aggravata, in quanto, il personale dipendente si è ridotto ulteriormente a causa della progressione verticale delle qualifiche funzionali (parecchi operai grazie al superamento di concorsi interni sono stati promossi a mansioni superiori e non sono stati sostituiti), inoltre diversi dipendenti sono andati in pensione, mentre altri pensionamenti sono previsti nei prossimi anni. Detto sistema troverà quindi notevoli difficoltà di prosecuzione ed ha comunque bisogno di miglioramenti al fine di adeguarlo alle necessità e alle complessità di un'organizzazione moderna, con una visione che guarda oltre l'attuale contingenza, proiettandosi verso gli ormai ipotizzabili scenari futuri. Fra questi si ricordano, ad esempio, le competenze previste dal Decreto Legislativo 81/08), che impongono la messa a norma del patrimonio edilizio.

E' in questa logica che l'Amministrazione Comunale dovrebbe avviare gli studi per individuare un nuovo sistema di gestione che consenta di affidare totalmente il servizio di manutenzione ordinaria e straordinaria, degli immobili adibiti ad edifici scolastici, ad un soggetto esterno, particolarmente qualificato, che garantisca lo svolgimento del servizio stesso, aumentandone l'efficienza, in termini di tempi e costi, nonché l'efficacia nei confronti dell'utenza.

Si ritiene utile, per far comprendere meglio le esigenze di un Comune di medie dimensioni, soffermarsi ancora sulla descrizione della situazione esistente per analizzare, anche se molto brevemente, il percorso logico seguito, in questo testo, per giungere all'impostazione del progetto strategico di manutenzione e gestione del patrimonio edilizio scolastico:

- L'organizzazione del Comune preso in esame prevede che proprio personale (circa 35 unità) si occupi degli interventi diretti di manutenzione e gestione degli immobili adibiti a scuole materne, elementari e medie dislocati su un territorio vasto e quindi distanti fra loro.
- Gli interventi sono effettuati esclusivamente "su chiamata", quindi a guasto, e l'acquisto dei materiali avviene annualmente senza una particolare programmazione.
- I documenti tecnici disponibili sono limitati ad alcune planimetrie degli edifici scolastici, prive di indicazioni relative agli impianti, non esiste un archivio, anche solo cartaceo degli interventi effettuati e la "memoria storica" sia di questi, sia dello stato e della posizione degli impianti tecnologici è affidata ai dipendenti con più esperienza lavorativa nel settore.
- Come spesso accade molti interventi di "ordinaria manutenzione" si avvicinavano, per complessità ed impegno, alla "straordinaria manutenzione" senza peraltro raggiungere una dimensione economica tale da giustificare un appalto specifico, ma necessariamente si ricorre all'impresa esterna, con il conseguente lievitare dei costi.

Il dato significativo è rappresentato dalla spesa media annuale per le manutenzioni delle scuole pari a circa 2.200.000,00 Euro, senza che ci sia un reale controllo e governo dell'attività manutentiva, risulta pertanto evidente la non economicità di tale organizzazione. Volendo estremizzare, per meglio comprendere l'attuale situazione, un esempio banale è costituito dal caso frequente ed emblematico relativo alla sostituzione di un tubo neon da una plafoniera in una scuola ubicata in periferia: in questo caso due addetti con un automezzo partono dall'autoparco si recano quindi al magazzino per il ritiro del materiale occorrente per l'intervento, effettuano la sostituzione del neon per poi rientrare in sede, il tempo impiegato mediamente per un intervento del genere, dall'uscita al rientro in sede, è di 120 minuti. Nel caso, invece, di piccoli interventi affidati a imprese esterne (ad esempio revisione di manti di coperture a tegole) quando la tipologia dell'intervento non è contemplata nell'elenco prezzi allegato al contratto, il lavoro viene contabilizzato con ore in "economia", redigendo apposite liste mensili, non sempre quantificabili con esattezza.

Occorre inoltre aggiungere che la qualità ed i tempi delle risposte non sempre risultano soddisfacenti per l'utenza né tanto meno proporzionati alle risorse impegnate. Le già citate ipotesi di pensionamento del personale portano ad una previsione di riduzione di 8 unità nei prossimi due anni, con una perdita di "memoria" sullo stato del patrimonio scolastico pressoché total.

Le prime linee di azione consistono quindi nella ricerca di una razionale riorganizzazione dell'esistente, traguardando però una soluzione definitiva valida per il lungo periodo.

Un primo passo potrebbe essere rappresentato dall'individuazione delle attività da esternalizzare e la loro quantificazione economica preventiva, calcolando nel contempo il possibile risparmio complessivo che si potrebbe ottenere, per il primo anno di attuazione.

Successivamente è opportuno rendere finalmente evidente l'attività prodotta dal solo personale interno, e di conseguenza il relativo costo economico.

3.3 La soluzione progettuale valida

La ricerca della soluzione valida "nel lungo periodo" può essere effettuata valutando le diverse opzioni possibili:
   a) riorganizzazione della struttura interna esistente abbinata ad un razionale accorpamento delle attività affidate all'esterno;
   b) promozione di una società mista pubblico/privata;
   c) creazione di un'azienda speciale;
   d) affidamento all'esterno del settore manutenzione edilizia e gestione impianti con mantenimento all'interno di una struttura minima per i compiti comunque non esternalizzabili.

Un'attività di riorganizzazione così avviata deve proseguire con incontri, riunioni ed elaborazioni a diversi livelli cercando di "tenere insieme" svariate esigenze, quali:
- sindacali relative al riposizionamento del personale dipendente;
- relative ai problemi occupazionali "esterni" (rapporti con le Associazioni di Categoria);

Ognuna delle 4 opzioni precedentemente esposte deve però rispondere alle seguenti condizioni:
- garanzia per il mantenimento dei livelli occupazionali del Comune;
- possibilità di crescita e riqualificazione del personale interno;
- miglioramento dell'economicità della gestione del patrimonio;

- mantenimento in sede locale, per quanto legittimamente possibile, dell'esecuzione degli interventi di manutenzione e gestione;
- garanzie circa il passaggio dalla "manutenzione su chiamata" alla "manutenzione programmata";
- informatizzazione delle conoscenze e della gestione del patrimonio;
- individuazione di un costo predefinito in €/mc. di durata pluriennale;
- tempi certi e vincolanti d'intervento.

Nel Case Study in esame la scelta più razionale, tra le varie alternative, è ricaduta sull'opzione d): *affidamento all'esterno del settore manutenzione edilizia e gestione impianti con mantenimento all'interno di una struttura minima per i compiti comunque non esternalizzabili*, utilizzando nella sua applicazione un contratto in Global Service.

Non ci dilungheremo ad elencare i motivi di tale scelta, sintetizzando possiamo affermare che l'opzione a) riferita alla riorganizzazione dell'esistente è stata più volte proposta con risultati fallimentari. Mentre per le opzioni b) e c), riferite a società miste e aziende speciali, l'esperienza ci insegna che dette organizzazioni societarie risentono in maniera sensibile del capitale pubblico, con ripercussioni politico-amministrative che non sempre agevolano la loro gestione.

Nelle fasi preliminari all'applicazione di un contratto in Global Service, parallelamente all'impostazione generale del progetto, è necessario avviare un'attività di conoscenza preventiva del patrimonio scolastico comunale, assolutamente non banale, che comporta un'intensa attività ed anche qualche onere finanziario non particolarmente rilevante rispetto alla posta in gioco (per l'affidamento di alcuni incarichi esterni volti alla definizione sia degli aspetti prettamente tecnici, quanto giuridico-amministrativi comunque indispensabili, attesa la complessità ed il carattere innovativo delle azioni intraprese).

Si è ritenuto opportuno effettuare queste premesse in quanto si è certi che il punto di partenza non sia marginale rispetto all'applicazione che sarà descritta successivamente.

In particolare, il "punto di arrivo" cui si è pervenuti (il progetto strategico del Global Service) è maturato lungo un percorso articolato che cerca di tenere uniti tutti i fili del problema, non risparmiando risorse per approfondire quanto preventivamente stabilito necessario.

La conoscenza maturata ci porta a concludere che, innanzi tutto, il possessore di un determinato patrimonio deve chiarire il proprio obiettivo strategico di gestione patrimoniale (non dimentichiamo che la norma UNI 10604 "Criteri di progettazione, gestione e controllo dei servizi di manutenzione d'immobili" obbliga all'individuazione di una Strategia immobiliare e di una politica di manutenzione). Soltanto dopo aver chiaramente definito l'obiettivo di cui prima, simulando quale organizzazione e quali strutture operative ed esecutive sono necessarie, sarà possibile prefigurare, per un qualsiasi soggetto possessore di patrimonio, la soluzione ottimale, perché la più razionale.

Occorrerà in altre parole analizzare i vari tipi di prestazioni necessarie alla manutenzione del patrimonio, esaminando:
- La possibile struttura operativa, compresa la possibile gerarchia, le funzioni ed i ruoli;
- Le procedure operative, i mansionari, le tempistiche;
- Le dotazioni informatiche;
- La conoscenza del patrimonio, distribuzione territoriale, inventario, provenienza, stato di fatto tecnico-prestazionale, ecc...);
- L'analisi dei "servizi" erogati e/o da erogare per la manutenzione del patrimonio;
- L'analisi dei progetti necessari per programmi di manutenzione straordinaria, rinnovamento funzionale, adeguamento normativo, ecc...

Andrà poi ottimizzato il Sistema per:
- gerarchia organizzativa delle risorse umane;
- procedure prestabilite;
- mansionari;
- tempistiche.

L'analisi dovrà procedere a disegnare un modello di riferimento circa:
- competenze;
- numero di addetti;
- capacità e titolo di studio;
- livello inquadrativo.

Infine sarà opportuno esaminare la necessità di:
- spazi funzionali ed attrezzati;
- strumenti culturali (Biblioteca delle Leggi e Regolamenti, testi vari);
- strumenti contabili (macchine e procedure);
- strumenti informatici (hardware e software).

Sarebbe auspicabile che tali riflessioni si svolgessero in termini oggettivi e razionali, evitando di voler essere in ogni caso autosufficienti (autogestione totale). Spesso ciò ha significato un dispiego di energie e di mezzi che non giustificano il conto economico. In conclusione il "sistema manutenzioni" deve essere capace di fornire una gestione funzionale di qualità e deve verificare costantemente la propria economicità.

La preparazione della documentazione per procedere all'espletamento di una gara di Global Service deve maturare progressivamente nelle varie tappe di un "percorso logico". La scelta dello svolgimento del servizio di manutenzione secondo l'ottica dell'affidamento totale all'esterno, Global Service, risponde ad una filosofia che vede ormai riservato fondamentalmente all'Ente Pubblico l'indirizzo ed il controllo e meno la gestione e la manutenzione diretta del patrimonio immobiliare.

All'interno di questo "percorso" risultano particolarmente significative le seguenti analisi:
- analisi della situazione contrattuale in essere e la valutazione dei costi pregressi annuali;
- analisi della situazione organizzativa;
- stima del vantaggio innovativo disponibile;

- analisi dell'impatto sindacale;
- valutazione dei vantaggi residui a termine mandato.

La valutazione della fattibilità, di un appalto tipo Global Service non può essere gestita diversamente, se si desidera porre in evidenza una puntuale percezione dei vantaggi.

Appare pertanto corretto poter affermare che una scelta in direzione del Global Service risulta logica quando per il Patrimonio Immobiliare di un Ente si verificano tutte o alcune delle seguenti condizioni:

- è in corso l'erogazione di una pluralità di servizi da parte di una pluralità di soggetti autonomi tra loro;
- la gestione degli affidamenti di servizi a soggetti esterni all'Ente diventa onerosa per la necessità di esperire molteplici pratiche di avviamento_commessa e procedure di coordinamento;
- sono estremamente chiari gli obiettivi dell'utente nel campo dei servizi;
- esiste e sia dimostrabile il vantaggio economico finale ottenibile dall'aggregazione dei diversi servizi in un solo affidamento, e quindi in capo ad un unico interlocutore capace di far fronte ad un impegno pluriennale nei confronti dell'utente;
- é necessario effettuare investimenti importanti per migliorare l'efficienza dei servizi;
- é presente una pianta organica sotto dimensionata rispetto alle esigenze;
- é possibile adeguare la struttura organizzativa interna in funzione delle maggiori risorse rese disponibili dal nuovo "disegno" delle attività ausiliarie.

Apparentemente, procedere ad un appalto di Global Service, sembra una questione di facile soluzione, in realtà la conoscenza e la valutazione delle problematiche in gioco richiede un grande impegno di analisi, in particolare quando l'Ente pubblico è dotato di patrimonio immobiliare cospicuo e sul quale si esercitano attività articolate, come nel caso degli edifici scolastici.

La scelta dello svolgimento del servizio di manutenzione secondo l'ottica dell'affidamento totale all'esterno, Global Service, risponde ad una filosofia che vede ormai riservato fondamentalmente all'Ente Pubblico l'indirizzo ed il controllo e meno la gestione e la manutenzione diretta del patrimonio immobiliare.

Come già descritto nei precedenti capitoli, è nel campo della manutenzione industriale che si è da tempo consolidato il concetto di manutenzione programmata ed integrata, laddove oggetto di intervento è la "macchina complessiva", compresi anche gli edifici, detta macchina se non mantenuta sempre al massimo livello di efficienza determina una diminuzione della capacità produttiva dell'azienda.

Il formarsi di una nuova cultura della manutenzione ha determinato il nascere di interesse e di iniziative anche da parte dei possessori "storici" di patrimoni immobiliari: banche, compagnie di assicurazione, gruppi finanziari.

L'attenzione, che in una prima fase di approccio, si era concentrata sugli aspetti prettamente "gestionali", tipo la conduzione delle centrali tecnologiche (termiche, elettriche, informatiche) ed altri servizi (pulizia, guardiania, manutenzione del verde), si è progressivamente allargata verso la manutenzione dei contenitori edilizi, anche se in questo campo non esiste ancora una vera e propria scienza della durabilità e per questo che occorre interagire con l'Ingegneria della Manutenzione, che come dottrina scientifica ci conduce all'applicabilità del contratto di outsourcing e di conseguenza ci agevola nell'aspetto programmatico e gestionale.

Dagli inizi degli anni '90 anche gli Enti Pubblici hanno approcciato la filosofia di un sistema di manutenzione più razionale, integrato con altri servizi, che consentano all'Ente di concentrare l'attenzione sul proprio "core business".

Per semplificare questo concetto si suole ricordare che, per esempio, compito di un'Azienda Acquedotto non è quello di costruire dighe, ma di fornire l'acqua. In tal senso il servizio di Global Service fonda la sua importanza e specialità nel nuovo concetto di manutenzione. Nell'ipotizzato servizio di Global Service, l'assuntore, pertanto, assume l'impegno di far sì che il bene fisico, in relazione al quale il servizio è reso, sia ben mantenuto ed in perfetta efficienza definendone la politica di manutenzione al fine di mantenerlo al livello contrattualmente pattuito.

Presupposto fondamentale di questa strategia è la durata del contratto che, per offrire garanzie di qualità del servizio e nel contempo privilegiare gli interventi di manutenzione programmata, deve essere di durata consistente, comunque non inferiore a cinque anni.

I principali vantaggi che il Comune in esame potrebbe trarre dal nuovo modello si possono così sintetizzare:
- accorpamento degli otto attuali diversi appalti, concentrando in un unico soggetto appaltatore-Assuntore la responsabilità di esecuzione del servizio e riducendo, conseguentemente, le procedure e gli oneri derivanti dall'individuazione e dal controllo di più contraenti;
- ottimizzazione dell'utilizzo della capacità imprenditoriale dell'Assuntore nell'erogazione del servizio finalizzato;
- supporto alla ridotta struttura organizzativa interna in funzione delle maggiori necessità conseguenti al Decreto Legislativo 626/94, alla Certificazione Energetica, nonché agli altri adeguamenti normativi da attuare.

Tra il Comune Committente, titolare del Patrimonio immobiliare scolastico, ed il soggetto privato definito Assuntore, incaricato delle operazioni di gestione e manutenzione, avviene una fattispecie di partnership, considerando che entrambi condividono gli intenti rispetto ai beni: l'Ente pubblico per non perdere ricchezza, il privato per ottimizzare la gestione e quindi ricavare profitto.

Quindi, accertata ed accettata la nascita di un nuovo rapporto Assuntore (Partner)/Committente che offre vantaggi al secondo (derivanti da un'impostazione manageriale di stampo privatistico dell'attività gestionale/manutentiva del Patrimonio Immobiliare) e profitti al primo (derivanti dall'ottimizzazione delle attività stesse), occorre considerare che:
1. L'ottimizzazione delle attività gestionali/manutentive passa attraverso lo stanziamento di investimenti che l'erogatore del servizio deve effettuare in senso innovativo;
2. Una sorgente di vantaggi per il Comune è proprio costituita dalla conoscenza e dal continuo controllo dei dati rilevanti del Patrimonio Immobiliare scolastico, che è possibile grazie agli investimenti di cui sopra;
3. Il soggetto privato è incentivato ad investire solo nel momento in cui può progettare il recupero dei propri investimenti con attività pluriennali;
4. Una seconda sorgente di vantaggi per il Comune è rappresentata dall'unicità del soggetto erogatore del servizio.

In questo contesto il Comune effettua un'unica ricerca in luogo della molteplicità di ricerche necessarie, nel tempo, per affrontare i singoli temi trattati dal servizio di Global Service (questo significa grande economia e minore perdita di tempo nelle operazioni di affidamento lavori). La funzione di coordinamento dell'Ente viene ad essere notevolmente ridimensionata. L'unicità del referente e responsabile per la totalità degli interventi riduce fortemente le operazioni tecniche di controllo. L'Amministrazione provvede ad un'unica apertura di cantiere, rendendo automatici i meccanismi di inizio lavori e fine lavori. Il Patrimonio Immobiliare, terminato l'affidamento all'Assuntore/Partner, risulterà comunque incrementato della quota di valore residuo dell'investimento effettuato all'epoca della gestione.

Per tutte queste ragioni se si desidera che l'appalto sia allettante per l'Assuntore, al punto da indurlo a rischiare investimenti a favore della manutenzione programmata, lo si dovrà confezionare come già detto con un respiro pluriennale significativo, indicativamente superiore ai cinque anni.

Per la determinazione della durata contrattuale si può prendere in considerazione quanto segue:
- Il Comune in esame ha nell'anno in corso ben 8 appalti gestiti dalla Direzione Manutenzioni – Servizio Programmazione e Controllo Manutenzione Edifici Scolastici;
- I predetti otto appalti, sono a scadenza biennale e potrebbero, sino alla loro scadenza contrattuale essere inglobati nel servizio Global Service sin dal suo inizio;

Si verrà, pertanto, ad individuare un primo periodo di avviamento del Global Service che ovviamente non consentirà all'Assuntore di sviluppare pienamente tutte le sinergie di contratto, ma che potrebbe essere inteso come fase di rodaggio. Il "pieno regime" di contratto prenderebbe invece avvio alle scadenze degli appalti in corso e quindi ad inizio del successivo anno. Tutto ciò corrisponde anche a quanto auspicato dalle norme UNI 10685 laddove si prevede un "periodo di familiarizzazione".

3.4 Valorizzazione delle risorse umane e vantaggi organizzativi

Abbiamo già accennato ai vantaggi di tipo organizzativo che sono indotti in seguito all'adozione di una strategia di terziarizzazione come quella del Global Service. Questi possono essere così riassunti:
- Per tutte le attività comprese nel contratto di Global Service la struttura procede ad una sola procedura di gara, ad un'unica procedura di affidamento e apertura lavori. Non effettua più le complesse attività di contabilità connesse con le singole prestazioni a misura sinora in vigore.
- La struttura opera una delega della funzione di gestione. La delega è continuativa, reiterata (ovviamente a seguito dei positivi esiti della funzione di controllo) e non onerosa in quanto la funzione di gestione di cui s'incarica l'Assuntore è una componente tipica della prestazione e, come tale, compresa nel prezzo.
- La struttura rinuncia ai compiti esecutivi connessi con la

manutenzione, ritornando a privilegiare quelle sue funzioni, di indirizzo e di conseguente controllo sull'operato dei terzi, che devono caratterizzare l'Ente Pubblico.
- Si creano ampi spazi di riqualificazione potenziale della struttura operativa i cui addetti saranno chiamati a ricoprire altri ruoli, e comunque ruoli di valore aggiunto maggiore (ad esempio il ruolo del controllore); questo fatto introdurrà una più ampia apertura alle realtà di mercato con maggiore propensione all'efficienza. La conseguenza sarà un incremento dell'indice qualitativo medio della struttura che porterà, in ultima analisi, una maggiore flessibilità, un migliore clima interno e una maggiore pace sindacale.

In funzione di queste considerazioni, l'opportunità offerta dal Global Service è del tutto originale e decisamente allettante. In termini economici l'intervento produrrà inevitabili economie di struttura e di processo, per le seguenti ragioni:
- riduzione del numero di addetti comunali in rapporto al volume di interventi manutentivi;
- incremento del fattore di affidabilità dei servizi erogati;
- incremento del valore percepito del servizio da parte dell'utenza (ad esempio i Dirigenti Scolastici, i genitori e gli studenti), con conseguente maggiore collaborazione nella soluzione dei piccoli problemi relativi alla manutenzione;
- riduzione progressiva, fino all'annullamento, degli investimenti per dotazioni fisse (attrezzature di lavoro, magazzini, depositi di materiali, ecc.), con conseguente disponibilità di nuovi spazi e nuove risorse finanziarie;
- incremento del tasso qualitativo delle dotazioni tecniche di gestione e controllo delle informazioni, in virtù dell'intervento innovativo dell'Assuntore in campo informatico.

Sarà quindi necessario individuare un percorso di riqualificazione del personale comunale addetto attualmente alle manutenzioni del patrimonio immobiliare scolastico, affinché possa essere reimpiegato in altri compiti istituzionali.

Un monitoraggio dei costi a oggi sostenuti da altre Direzioni del Comune con carenza di personale, può costituire inoltre l'occasione per un ulteriore affinamento delle strategie da adottare al fine di azzerare i maggiori costi complessivi di struttura. Il personale attualmente assegnato agli uffici manutenzione potrebbe essere ridistribuito come segue:

- addetti al controllo e gestione del contratto oggetto dell'appalto Global Service (sia tecnici che operai riqualificati come "ispettori" attraverso un corso-concorso interno);
- trasferimento all'Ufficio Progettazione e Direzione Lavori, anch'esso carente di personale, per la gestione degli appalti di manutenzione straordinaria e nuovi interventi (anche in questo caso si tratta di tecnici e operai riqualificati come "assistenti" attraverso un corso-concorso interno);
- istituzione di uno o più "nuclei operativi" di operai per l'effettuazione di compiti diversi presso altri servizi dell'Amministrazione Comunale.

3.5 Gli specifici servizi, di interesse del Committente, da inserire nel contratto di Global Service

I servizi da svolgere all'interno del contratto di Global Service, scaturenti dalle esigenze del Comune in esame possono essere così riassunti:

a) progettazione, creazione e gestione (attraverso attivita' di censimento, di rilievo geometrico e descrittivo e restituzione su supporto informatico) di idonea anagrafe del patrimonio edilizio;
b) programmazione e gestione del servizio tecnico manutentivo;

c) progettazione, creazione e gestione di un costante flusso informativo sulle attivita' di manutenzione.

Servizio anagrafe informatica del patrimonio - La mancanza di un'adeguata conoscenza in termini qualitativi e quantitativi del patrimonio immobiliare scolastico e, di conseguenza, la mancata attivazione di opportune misure di adeguamento e mantenimento dell'esistente, porta a passivi di esercizio e a perdite generalizzate che molto spesso si trasformano in fenomeni irreversibili. Mediante l'utilizzo di strumentazioni avanzate e metodologie di lavoro appositamente sviluppate, in grado di integrare schede descrittive, dati sinottici e tavole grafiche, l'Assuntore dovrà proporre un percorso logico in grado di soddisfare tutte le esigenze legate alla creazione e gestione di una idonea anagrafe del patrimonio edilizio. La metodologia di rilievo non solo dovrà contemplare il rilievo geometrico degli edifici, ma dovrà anche prevedere la raccolta di tutte le informazioni riguardanti il sistema edificio-impianti, relativamente agli elementi/componenti edilizi suddivisi per tipologia e sub-sistema tecnologico di riferimento. Vale a dire di tutti quegli elementi descrittivi del vano quali pareti, pavimenti, soffitto, terminali impiantistici elettrici, termici, idraulici e quanto altro presente all'interno di ciascun locale, esclusi elementi mobili e arredi.

Ciascun elemento/componente dovrà essere descritto, analizzato secondo parametri stabiliti a priori (che potranno variare secondo la tipologia dell'edificio quali:vetustà, complessità architettonica, edilizia, tecnica degli impianti) e valutato con un codice che ne rappresenti lo stato di conservazione/manutenzione. I dati rilevati, relativi allo stato di manutenzione e conservazione dovranno essere resi disponibili al Committente su supporto informatico di facile lettura.

Servizio manutenzione - Il servizio di manutenzione dovrà prevedere principalmente la puntuale programmazione, la gestione e l'esecuzione di tutte le attività di conduzione e di manutenzione realizzate sulla base di un processo anagrafico nel quale dovranno essere con chiarezza indicati tutti gli specifici elementi interessati. I procedimenti adottati dovranno consentire in qualunque momento la precisa conoscenza di tutti gli elementi, anche con riferimento agli edifici, alle unità ed ambienti per i quali sono stati richiesti gli interventi e ai tipi e categorie di lavoro interessati dagli stessi. La gestione delle richieste di interventi di manutenzione a guasto, deve avvenire con procedimenti che consentano, anch'essi, in qualunque momento la loro precisa conoscenza nei termini già sopra spiegati. Il servizio dovrà inoltre disporre di un sistema di archiviazione storica di tutte le attività soggette all'appalto, capaci di fornire tutte le indicazioni statistiche elaborate per le esigenze di gestione sopra descritte.

I servizi manutentivi oggetto dell'appalto saranno così definiti:
- servizi con corrispettivo a forfait: manutenzione riparativa e manutenzione programmata;
- servizi con corrispettivo a misura: manutenzione su richiesta e prestazioni integrative e/o migliorative

La Manutenzione Riparativa è applicabile a tutta quella famiglia di servizi manutentivi, periodici e aperiodici, che hanno come finalità la conservazione dello stato del patrimonio verificato al momento della presa in consegna da parte dell'Assuntore. Quindi le manutenzioni riparative sono destinate al ripristino delle diverse anomalie ed alla conservazione dell'edificio nelle sue condizioni di partenza.

Per Manutenzione Programmata s'intendono invece tutte le attività manutentive eseguite con strategie predittive o preventive. In questo caso l'Impresa deve orientare la manutenzione alla preservazione del sistema con interventi preordinati (manutenzione preventiva), ovvero osservando sistematicamente il complesso allo scopo di promuovere provvedimenti generali tendenti a garantire la rispondenza dei sistemi ai reali fabbisogni (manutenzione predittiva).

La Manutenzione su Richiesta riguarda tutti gli interventi manutentivi, esclusi quelli di manutenzione straordinaria, finalizzati all'eliminazione di anomalie edilizie e/o impiantistiche essenziali alla corretta funzionalità del complesso edilizio comunque precedenti alla firma del "verbale di presa in consegna". Riguarda quindi l'eliminazione di anomalie edilizie e/o impiantistiche essenziali per la corretta funzionalità del complesso edilizio venutesi a creare per fattori non connessi con le prestazioni manutentive ordinarie in corso, anche se non preesistenti alla firma del verbale di presa in consegna. Riguarda inoltre la ristrutturazione e il restauro di parti o settori omogenei di un edificio o di specifici impianti per interventi non previsti, ma richiesti dal Comune durante il corso dell'appalto.

Le Prestazioni integrative e/o migliorative costituiscono quegli interventi di importo limitato, estremamente differenziati, non previsti e richiesti dall'Amministrazione Committente durante il corso dell'Appalto. In questo caso l'Assuntore metterà a disposizione del Committente la propria capacità organizzativa-operativa per risolvere i problemi nel più breve tempo possibile e con la massima qualità degli interventi. Rientrano tra le prestazioni integrative:
- l'assistenza a Ditte terze;
- installazione di apparecchiature ed arredi;
- modeste modifiche interne a componenti impiantistici;
- modifiche e trasformazioni di locali a seguito di nuove esigenze dell'utenza;
- riparazioni e ripristini dovuti ad atti vandalici;
- riparazioni, ripristini ed opere provvisionali per danni conseguenti ad eventi atmosferici, ecc.

Servizi informatici - Per il servizio informatico posto a bando, la finalità è la corretta impostazione di un costante flusso di informazioni riguardante l'andamento delle varie attività di servizio da effettuarsi sugli immobili del patrimonio scolastico comunale. Consentirà, all'Ente Committente e all'impresa Assuntore, un puntuale lavoro di progressivo perfezionamento della collaborazione e quindi un migliore risultato in termini di raggiungimento degli obiettivi proposti.

L'appalto Global Service del Comune in esame può essere organizzato sulla base dell'attuale patrimonio edilizio scolastico, in proprietà e in conduzione, pari a circa 472.500 metri cubi.

A detto appalto è applicabile il Contratto riportato nel precedente Capitolo 3 al paragrafo 3.2, ai sensi della norma UNI 10685 e degli specifici servizi ed esigenze del Comune descritti in questo paragrafo.

3.6 Quantificazione dei costi

Tra i numerosi elementi che é opportuno valutare per la predisposizione dei documenti di appalto é particolarmente significativo il confronto tra i costi storici dei vari servizi e la base di gara. Si é ritenuto sufficiente, per individuare un parametro storico dei soli costi di manutenzione, ricostruire il quadriennio 2003-2006.

I costi totali (compresi gli stipendi, il materiale di consumo, gli appalti di manutenzione, le spese accessorie, ecc.) delle attività di manutenzione sono elencati nella tabella 3.6.1:

ANNO DI ESERCIZIO	COSTI ANNUALI PER LA GESTIONE DEGLI IMMOBILI ADIBITI A SCUOLE
2003	Euro 2.793.396,38
2004	Euro 1.872.157,98
2005	Euro 2.005.559,51
2006	Euro 2.239.319,76

Tabella 3.6.1: Costi storici per la manutenzione nel quadriennio 2003-2006

A parità di volumetrie rispetto a quella presunta da porre in gara di Global Service (mc.472.500 corrispondenti all'attuale patrimonio immobiliare scolastico del Comune in esame), il costo parametrico complessivo non é mai stato inferiore a €/mc.3,96 (anno 2004) e la media tra i quattro anni è pari a €/mc 4,71. L'ipotesi di appalto é stata invece tarata su €/mc 3.90, pertanto il risparmio stimato é pari a € 384.858,41 all'anno, ovvero di €.1.539.433,63 se riferito alla media dei costi nel quadriennio 2003-2006. Nelle tabelle 3.6.2, 3.6.3, 3.6.4 e 3.6.5 vengono rispettivamente illustrati:

- i costi annuali storici e i relativi costi parametrici riferiti al quadriennio 2003-2006 con le relative medie (Tabella 3.6.2);
- i costi storici nel quadriennio 2003-06 e i costi di previsione stimati per il quadriennio 2008-11 (Tabella 3.6.3);
- la media annua dei costi storici quadriennio nel 2003-06, risparmio annuo e risparmio totale stimato nel quadriennio 2008-11 (Tabella 3.6.4);
- i costi di previsione stimati per il quadriennio 2008-11 in base all'ipotesi di appalto tarata su €/mc 3.90 (Tabella 3.6.5).

ANNO DI ESERCIZIO	COSTO ANNUALE	COSTO PARAMETRICO €/mc. (COSTO ANNUALE/mc.472.500)
2003	Euro 2.793.396,38	2.793.396,38/472.500* = € 5,91
2004	Euro 1.872.157,98	1.872.157,98/472.500* = € 3,96
2005	Euro 2.005.559,51	2.005.559,51/472.500* = € 4,24
ANNO DI ESERCIZIO	Media dei costi annuali	Media dei costi parametrici nel quadriennio 2003-06
2003-2004 2005-2006	Euro 2.227.608,41*	2.227.608,41/472.500** = € 4,71

* vedi Tabella 3.6.4
** cubatura dell'attuale patrimonio immobiliare scolastico

Tabella 3.6.2: costi annuali storici e i relativi costi parametrici riferiti al quadriennio 2003-2006 con le relative medie

COSTI STORICI QUADRIENNIO 2003-06	COSTI DI PREVISIONE STIMATI PER IL QUADRIENNIO 2008-11
Anno 2003 € 2.793.396,38 Anno 2004 € 1.872.157,98 Anno 2005 € 2.005.559,51 Anno 2006 €2.239.319,76 Sommano € 8.910.433,63	Anno 2008 € 1.842.750,00 Anno 2009 € 1.842.750,00 Anno 2010 € 1.842.750,00 Anno 2011 € 1.842.750,00 Sommano € 7.371.000,00

Tabella 2.6.3: costi storici nel quadriennio 2003-06 e costi di previsione stimati per il quadriennio 2008-11

MEDIA ANNUA DEI COSTI STORICI QUADRIENNIO 2003-06
Anno 2003 € 2.793.396,38 Anno 2004 € 1.872.157,98 Anno 2005 € 2.005.559,51 Anno 2006 €2.239.319,76 **Sommano € 8.910.433,63/4 = € 2.227.608,04**

RISPARMIO ANNUO STIMATO NEL QUADRIENNIO 2008-11
€ 2.227.608,04* - € 1.842.750,00** = **€ 384.858,41** * media annua dei costi storici del quadriennio 2003-06 ** costo annuo di previsione stimato per il quadriennio 2008-11

RISPARMIO TOTALE STIMATO NEL QUADRIENNIO 2008-11
€ 8.910.433,63* - € 7.371.000,00** = **€ 1.539.433,63** * costi storici del quadriennio 2003-06 ** costi di previsione stimati per il quadriennio 2008-11

Tabella 3.6.4: media annua dei costi storici quadriennio nel 2003-06, risparmio annuo e risparmio totale stimato nel quadriennio 2008-11

Quantificazione annua dei costi di previsione stimati per il quadriennio 2008-11 in base all'ipotesi di appalto tarata su €/mc 3.90
mc.472.500* x € 3,90** = € 1.842.750,00

* cubatura dell'attuale patrimonio immobiliare scolastico;
** costo €/mc. previsto per il quadriennio 2008-11.

Tabella 3.6.5: quantificazione annua dei costi di previsione stimati per il quadriennio 2008-11

È doveroso, a questo punto, effettuare un accenno ai costi del personale. I soli addetti comunali all'esecuzione diretta dei lavori (gli operai e il personale tecnico e amministrativo impiegato per le manutenzioni scolastiche) rappresentano un costo complessivo per soli stipendi di circa 200.000,00 Euro l'anno, esclusi costi del vestiario, delle attrezzature, del parco vetture, nonché dei costi indiretti di tipo amministrativo (gestione buoni d'ordine, dei materiali, movimentazioni del personale, ecc...), di occupazione di locali (spogliatoi, servizi, magazzini, laboratori, ecc...). Il Comune sembrerebbe pertanto accollarsi un maggiore onere stimabile tra i 185.000,00 Euro l'anno (ovvero la differenza tra il costo totale per stipendi degli addetti ed il risparmio ottenuto dalla gara se riferito al singolo anno); ma tale maggiore onere apparente potrebbe essere ragionevolmente abbattuto se si deducono i costi indiretti amministrativi e di occupazione sopra sommariamente elencati.

Occorre sottolineare che tale onere andrebbe ovviamente a diminuire progressivamente negli anni, con i vari pensionamenti. Nell'immediato, invece, tale apparente maggiore onere può essere notevolmente ridimensionato se non azzerato, assegnando agli operai, opportunamente riqualificati, compiti che oggi sono svolti saltuariamente (aumentando così l'efficienza dell'Ente), oppure che sono svolti, anche con sensibili ritardi, da soggetti esterni appositamente incaricati (producendo risparmi di gestione complessiva).

Solo per citare alcuni esempi basta ricordare la saltuarietà con cui sono effettuate ispezioni alle centraline di rilevazione dell'inquinamento atmosferico, nonché alla segnaletica stradale.

Alcune attività del Provveditorato (distribuzione materiale, gestione magazzino, servizio copie, carico/scarico merci, allestimenti mostre e manifestazioni varie) spesso, per carenza di personale, sono espletate con ritardo rispetto alle esigenze oppure sono appaltate.

Occorre inoltre ricordare che lo snellimento dello staff tecnico addetto alle manutenzioni, in presenza del Global Service può consentire benefici, già rilevanti sotto l'aspetto economico immediato, ma maggiormente apprezzabili già nel medio periodo. Tali benefici possono così essere riassunti:

- Il personale tecnico, distolto da compiti di basso livello quali l'occuparsi degli aspetti più minuti della manutenzione, che attualmente occupa loro circa i due terzi del tempo complessivo lavorato, può dedicarsi ad attività professionalmente più gratificanti (ad esempio la progettazione di interventi migliorativi, di ottimizzazione di standards e il successivo loro controllo di cantiere; esercitare la nuova stimolante funzione di controllore negli edifici di loro competenza, ecc.).
- Migliora di conseguenza la capacità operativa complessiva dell'Ufficio, anche in termini qualitativi, con una considerevole diminuzione del rapporto costi/benefici riferita al personale.
- Diminuisce il numero delle persone da assumere per compensare il "gap" di organico.
- Diminuisce la necessità di ricorrere ad incarichi esterni, vista la migliorata capacità produttiva dell'Ufficio Progettazioni e Direzione Lavori.

Ma gli aspetti sopra delineati non sono ancora sufficienti per definire il risultato economico complessivo dell'operazione, per farlo occorre esaminare l'aspetto dell'indotta diminuzione dei costi sostenuti dall'Ente (di personale, di trasporto, di energia, di uso delle strutture e delle attrezzature, di cancelleria, di pubblicazione e quant'altro); si può fare ad esempio riferimento ai seguenti elementi:

- Minor costo complessivo di una sola gara rispetto alle innumerevoli procedure che si sarebbero dovute attivare per affidare singolarmente i vari servizi.
- Minor costo di un solo contratto.
- Minor costo di un solo controllo centralizzato.
- Minor costo di una sola procedura contabile ed amministrativa.
- Minor costo del personale tecnico per la rilevazione dei guasti ed il controllo delle riparazioni (la rilevazione è effettuata dall'appaltatore, mentre la necessità di sorveglianza sugli interventi, non essendo gli stessi remunerati a misura, si riduce ad una rilevazione, con cadenza diluita, della qualità e tempestività dell'intervento effettuato).

Capitolo IV

Determinazione del valore aggiunto dato dall'interattività tra IDM e GS

4.1 Determinazione del valore aggiunto

La costante cura del patrimonio immobiliare nel tempo, alla luce di quanto sin qui esposto, è l'elemento che pone al riparo il proprietario dalle inevitabili perdite di valore che l'immobile patisce se non continuamente manutenzionato a livelli quantomeno minimali.

L'affidamento della gestione della manutenzione con un contratto in Global Service rende possibile una continua azione che, solitamente, è affrontata con discontinuità.

Nel Case Study, esposto nel capitolo 3, non si registrano incrementi di spesa, non diminuisce né qualitativamente né quantitativamente il livello dei servizi erogati (anzi questi tendono a migliorare) e non si aggrava ulteriormente, ma viene sensibilmente snellita, la struttura organizzativa dell'Amministrazione.

Il contratto di outsourcing costituisce quindi una soluzione ottimale ai problemi dell'Ente nei confronti del proprio patrimonio immobiliare, garantisce professionalità ed efficienza e con l'innovazione garantisce altresì il continuo adeguamento, sia normativo quanto alle necessità del "mercato" dei servizi. L'autorità dell'Amministrazione, rappresentata in termini organizzativi dalla funzione di controllo, si estrinseca nel determinare il capitolato tecnico/prestazionale, il prezzo e i limiti di qualità. Per ottenere questo occorre una accurata conoscenza del proprio patrimonio supportata dalla scienza e dall'applicazione dell'Ingegneria della Manutenzione (IDM). Il reperimento ragionato di tutti i costi storici, l'analisi della consistenza patrimoniale, il confronto con alcune realtà esterne ed interne all'Ente (le OO.SS., le Associazioni di categoria, ecc.), l'analisi della legislazione di riferimento e la conseguente taratura di tutti i documenti di gara, necessitano di competenze gestionali, amministrative e tecniche che possono essere sostenute solo con l'ausilio dell'IDM

In termini di vantaggio economico per l'Amministrazione, l'assegnazione di contratti di servizi attraverso procedura tipo Global Service si deve valutare non solo in funzione del "prezzo", ma anche in base alla valutazione di minori impegni di tipo organizzativo, minori costi accessori rispetto a pratiche burocratiche e maggiore vantaggio in termini d'innovazione e quindi di qualità del servizio.

Il valore aggiunto ha quindi molteplici aspetti ed è composto da diverse componenti che in termini economici producono tangibili economie di struttura e di processo. Il contratto di outsourcing, se bene applicato e opportunamente tarato alla realtà a cui viene applicato, favorisce sicuramente degli incrementi sulla produttività e delle riduzioni sulla gestione, già approfonditi nel capitolo 4 al paragrafo 3.4.

Tra gli incrementi produttivi ricordiamo quelli relativi al fattore di affidabilità dei servizi erogati, quelli inerenti l'aumento del valore del servizio percepito da parte dell'utenza e quelli che riguardano la crescita del tasso qualitativo delle dotazioni tecniche di gestione e di controllo delle informazioni. Le riduzioni sulla gestione riguardano la diminuzione progressiva, fino all'annullamento, degli investimenti per dotazioni fisse (attrezzature di lavoro, magazzini, depositi di materiali, ecc.), con conseguente disponibilità di nuovi spazi e nuove risorse finanziarie e quelle relative al calo del numero di addetti comunali in rapporto al volume di interventi manutentivi.

Ricordiamo infine che lo snellimento dello staff tecnico addetto alle manutenzioni, può consentire benefici, già rilevanti sotto l'aspetto economico immediato, ma maggiormente apprezzabili a medio termine.

4.2 Interattivita' e sinergia tra IDM e GS

Come più volte sottolineato l'interattività e la sinergia tra l'Ingegneria della Manutenzione e l'applicazione di un contratto in outsourcing risulta indispensabile e fondamentale.

In questo paragrafo verranno esposti gli onerosi compiti in termini di conoscenze, siano esse gestionali, tecniche o scientifiche, che l'Ingegnere della Manutenzione deve affrontare nell'applicazione di un contratto di manutenzione evoluto. In particolare ci soffermeremo sull'analisi relativa alla redazione ed attuazione dei Piani di Manutenzione, all'aspetto normativo, al processo operativo e a quello conoscitivo, con richiami attinenti alla pianificazione e alla esecuzione di un programma manutentivo. Pertanto il successo di un contratto in Global Service, che passa attraverso l'ottenimento degli obiettivi prefissati dall'Amministrazione relativamente alla gestione dei propri immobili, non può prescindere da specifiche competenze che devono essere presenti sia nella fase di progettazione quanto in quella di esecuzione dell'appalto. E questo vale per entrambi gli attori: Amministrazione Committente e Impresa Assuntore del contratto. Quindi, utilizzando un termine economico-finanziario, possiamo affermare che il "Management", di entrambi i soggetti Committente e Assuntore, deve essere adeguatamente preparato nella scienza dell'IDM.

L'attuale corpo normativo in materia di lavori pubblici è costituito, essenzialmente, dalla Legge Quadro n.109/1994 (e successive modificazioni e integrazioni) detta "Legge Merloni" e dal Regolamento d'Attuazione della stessa DPR n.554/1999. I nuovi dispositivi di legge prevedono che l'assegnazione di un appalto, quindi anche nel caso di Globale Service, avvenga in base all'offerta che garantisce il minor costo globale comprensivo dell'aliquota relativa alla gestione e quindi alla manutenzione dell'opera da realizzare.

In questa ottica il progettista è obbligato a redigere il Piano di Manutenzione dell'immobile[24] quale parte integrante del progetto ese-

---

[24] Il Piano di Manutenzione è il documento complementare al progetto esecutivo che prevede pianifica e programma, tenendo conto degli elaborati progettuali esecutivi effettivamente realizzati, l'attività di manutenzione dell'intervento al fine di mantenerne nel tempo la funzionali-

cutivo i cui elaborati sono elencati nell'art. 35 del predetto Regolamento approvato con il DPR n.554/1999. La prima parte del successivo articolo 40 definisce le funzioni del Piano di manutenzione che "prevede, pianifica e programma". La "previsione" include tutte le operazioni finalizzate a "prevedere" il comportamento futuro del sistema progettato. In questa sfera rientrano le problematiche di durabilità e affidabilità e in generale la stima dei parametri che connotano l'aspetto operativo della manutenzione.

La fase di "pianificazione" riguarda il momento delle scelte strategiche sulla scorta delle informazioni provenienti dalla stima dei parametri. La scelta della strategia "ottima", nel caso più generale, tende a massimizzare le prestazioni e a minimizzare i tempi e i costi. Solo alla fine sarà possibile redigere il programma di manutenzione che specifica i cicli di controllo e di intervento da eseguire secondo cadenze temporali prestabilite.

Il secondo comma dell'art. 40 elenca i documenti operativi che costituiscono il piano di manutenzione articolato in tre elaborati principali da cui, per successive scomposizioni, hanno origine cinque documenti differenti:

a) Manuale d'uso;
b) Manuale di manutenzione;
c) Programma di manutenzione, da sviluppare secondo tre sottoprogrammi:
   c.1) sottoprogramma delle prestazioni,
   c.2) sottoprogramma dei controlli,
   c.3) sottoprogramma degli interventi.

Il primo documento del piano di manutenzione è il manuale d'uso i cui contenuti e modalità di redazione sono illustrati nei commi terzo e quarto dell'art. 40 del predetto Regolamento. Si tratta di un documento destinato ai fruitori del bene che contiene le informazioni necessarie per un corretto utilizzo delle parti e le indicazioni utili a riconoscere eventuali anomalie da comunicare al personale specializzato.

---

tà, le caratteristiche di qualità, l'efficienza ed il valore economico". D.P.R. 554/99 art. 40 comma 1.

Il comma terzo, oltre a fissare le informazioni che questo elaborato deve contenere, introduce il concetto di "parti del bene" intese, soprattutto come unità tecnologiche. La norma, però, va oltre aggiungendo al termine "parti" l'attributo "più importanti" lasciando quindi all'arbitrio del progettista la loro individuazione. Fanno eccezione gli impianti tecnologici che sono indicati espressamente e che costituiscono pertanto, l'oggetto privilegiato delle disposizioni. L'individuazione delle parti è una fase fondamentale del processo, perché ad essa faranno riferimento tutti gli altri documenti inclusi nel Piano.

Il comma quattro, infine, elenca le informazioni da includere nel manuale d'uso:
a) la collocazione nell'intervento delle parti menzionate;
b) la rappresentazione grafica;
c) la descrizione;
d) le modalità di uso corretto.

Il manuale di manutenzione, contemplato dai commi 5 e 6, fornisce le indicazioni occorrenti per l'attività manutentiva ed è destinato agli utenti e ai fornitori del servizio. Le informazioni hanno un carattere maggiormente tecnico-operativo e il progettista dovrà fornirle, in relazione alle diverse unità tecnologiche, ai componenti o materiali impiegati. Nel manuale sono comprese le schede tecniche dei prodotti con le indicazioni delle anomalie riscontrabili e il centro di assistenza specialistica a cui rivolgersi.

Il comma 6 dell'art. 40, nei punti a) e b) ripropone quanto già previsto per il manuale d'uso mentre nel successivo punto c) è richiesta la "descrizione delle risorse necessarie" che comprendono materiali, attrezzature e manodopera occorrenti alle varie lavorazioni e alle diverse attività di ispezione e controllo. Al punto d) è richiesto di indicare "il livello minimo delle prestazioni" che rappresenta il valore limite inferiore accettabile per una determinata funzione della parte individuata. I successivi punti del comma sesto dell'art. 40 (lettere e), f), e g)), richiedono al progettista di definire i segnali e le manifestazioni indicativi di eventuali anomalie e di distinguere le manutenzioni eseguibili dall'utente da quelle eseguibili da personale specializzato.

L'ultimo documento previsto dalla legge per il piano di manutenzione è il "programma di manutenzione" che da vita ai tre elaborati già visti. Questo documento rappresenta lo scadenzario dove sono riportati i controlli e gli interventi da eseguire sugli elementi manutenibili ad intervalli stabiliti o in occasione di particolari eventi (generalmente di tipo calamitoso). Il sottoprogramma delle prestazioni individua, per "classe di requisito", le prestazioni da considerare per ciascuna parte. Il sottoprogramma dei controlli definisce le cadenze temporali con cui eseguire la misura delle prestazioni attraverso cui è possibile definire la legge di riduzione nel tempo della prestazione oggetto del controllo. La conoscenza della dinamica della caduta prestazionale è fondamentale, per chi è chiamato a gestire il bene, per perfezionare il sottoprogramma degli interventi. Questo è il terzo ed ultimo elaborato e riporta le cadenze temporali con cui effettuare gli interventi di manutenzione al fine ovviamente di garantire nel tempo la qualità edilizia.

Le normative UNI, come già approfondito nel capitolo 4 al paragrafo 4.1, in generale, forniscono i criteri e le linee guida necessari per una corretta impostazione metodologica del problema e per la stesura dei documenti di riferimento a supporto delle varie fasi del processo manutentivo. La Sottocommissione "Manutenzione dei patrimoni immobiliari", istituita nel 1995 nel contesto più ampio della Commissione "Manutenzione" con il duplice mandato di:

- Rispondere all'esigenza, maturata in campo industriale, di risolvere i problemi di interfaccia tra la componente edilizia e le componenti di provenienza industriale che stanno assumendo un peso quantitativo e qualitativo sempre più consistente nell'intero sistema-edificio e che risultano essere, al contrario, molto soggette a norme di carattere gestionale e manutentivo. Ma anche di chiarire e normare il rapporto, ancora abbastanza oscuro, tra le strategie e le attività di manutenzione e la dinamica dei valori della componente immobiliare;
- Interpretare la transizione da una concezione della manutenzione come attività (caratterizzata quindi da contenuti operativi di ordine prevalentemente tecnico-esecutivo), a

quella come servizio, (caratterizzata da contenuti di ordine prevalentemente organizzativo e procedurale).

Ai fini della conoscenza e della previsione si sottolinea l'importanza di ricorrere alla diagnostica per ottenere dati sullo stato del sistema da elaborare con l'obiettivo di rendere la capacità di previsione più attendibile. A tal scopo le norme suggeriscono due livelli di campionamento dei dati: uno relativo agli elementi tecnici o componenti del sistema tecnologico, scomposto in funzione del livello ritenuto più appropriato e l'altro riferito agli immobili, appartenenti a patrimoni di rilevante entità, raggruppati per classi omogenee. Quindi gli immobili dovranno essere suddivisi come illustrato nella Figura 5.2.1:

```
                     CLASSI DI RAGGRUPPAMENTO
    ┌──────┬──────────────┬──────────────┬──────────────┬──────────────┐
    ETÀ   DESTINAZIONI   LOCALIZZAZZIONE  CARATTERI      CARATTERI
          D'USO                           TIPOLOGICI     TECNICO-COSTRUTTIVI
```

Figura 4.2.1: classi di raggruppamento degli immobili

I dati indispensabili per una corretta pianificazione delle attività manutentive sono, infatti, per la maggior parte valutabili solo probabilisticamente e richiedono pertanto un continuo e costante aggiornamento, attraverso quelle che le normative definiscono "informazioni di ritorno". Queste sono contenute nelle schede diagnostiche e cliniche e riguardano essenzialmente:

- tipologia e frequenza dei guasti;
- tempi medi di riparazione;
- indici di manutenzione (di costo, di produttività, ecc.);
- fattori esterni ed interni che influenzano l'insorgere di patologie e le cadute prestazionali;
- verifica delle previsioni di durabilità e affidabilità dei componenti edilizi in opera;
- verifica della programmazione della manutenzione.

In figura 4.2.2 vengono schematizzati gli elementi conoscitivi riferiti alle schede di identificazione, diagnostiche e cliniche:

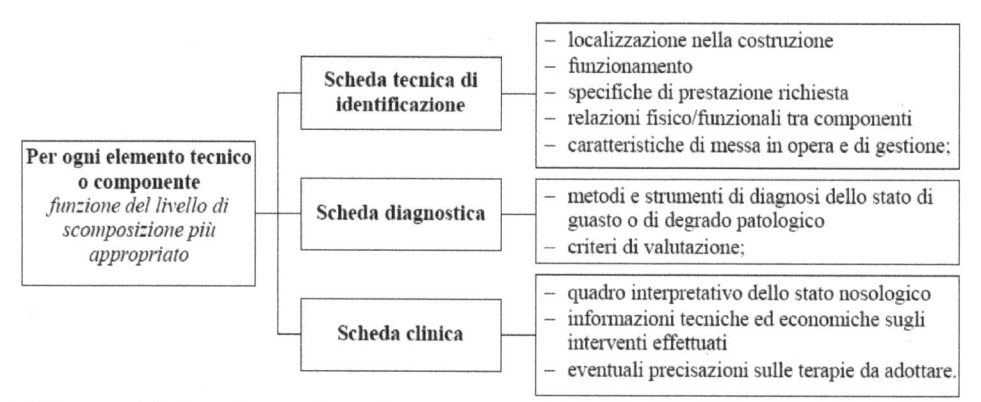

```
┌─────────────────────────┐      ┌─────────────────────────┐      – localizzazione nella costruzione
│ Per ogni elemento tecnico│   ┌──│ Scheda tecnica di       │──── – funzionamento
│      o componente       │   │  │    identificazione      │      – specifiche di prestazione richiesta
│  funzione del livello di │───┤  └─────────────────────────┘      – relazioni fisico/funzionali tra componenti
│   scomposizione più     │   │  ┌─────────────────────────┐      – caratteristiche di messa in opera e di gestione;
│       appropriato       │   ├──│   Scheda diagnostica    │──── – metodi e strumenti di diagnosi dello stato di
└─────────────────────────┘   │  └─────────────────────────┘        guasto o di degrado patologico
                              │                                   – criteri di valutazione;
                              │  ┌─────────────────────────┐      – quadro interpretativo dello stato nosologico
                              └──│    Scheda clinica       │──── – informazioni tecniche ed economiche sugli
                                 └─────────────────────────┘        interventi effettuati
                                                                   – eventuali precisazioni sulle terapie da adottare.
```

Figura 4.2.2: schematizzazione degli elementi conoscitivi riferiti alle schede di identificazione, di diagnostica e cliniche

Alla fase conoscitiva seguono quella della pianificazione economica e operativa, e quella esecutiva di controllo secondo lo schema che segue in figura 4.2.3, illustrato nella pagina successiva.

Il processo operativo è costituito soprattutto dall'insieme degli interventi finalizzati a riportare il componente in uno stato in cui possa eseguire la funzione richiesta. Esso comprende anche le attività di ispezione e controllo, attuate anche attraverso la diagnostica, che possono costituire a loro volta nuovi input per l'inizio del processo stesso. Esso ha inoltre il compito fondamentale di controllare e regolare, nel senso cibernetico dei termini, il processo di trasformazione fisica degli edifici e può avere inizio o per attività pianificate nella fase organizzativa o per richieste di intervento da parte dell'utenza. Alle due tipologie di input corrispondono rispettivamente le strategie di manutenzione a guasto e preventiva. In entrambi i casi si è in presenza di componenti che hanno raggiunto il livello prestazionale inferiore e pertanto richiedono un intervento che può essere di riparazione, di sostituzione o di semplice pulizia.

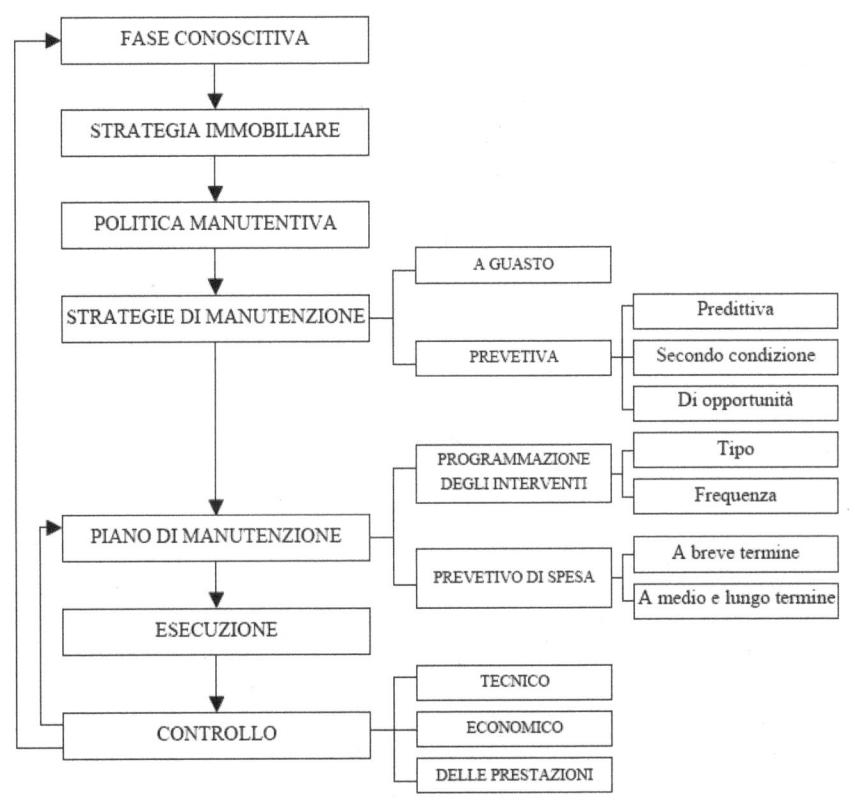

Figura 4.2.3: organigramma delle varie fasi del processo manutentivo

Per quanto riguarda ancora il processo operativo si può affermare che anche gli output sono di due tipi: uno che possiamo definire diretto e l'altro derivato. Il primo coincide con il ripristino della funzionalità fisica mentre il secondo è rappresentato dalle verifiche delle informazioni sulla cui base è stata eseguita la programmazione.

In figura 4.2.4 viene illustrato il processo operativo con i due relativi output coincidenti con il ripristino della funzionalità fisica e con la verifica delle informazioni:

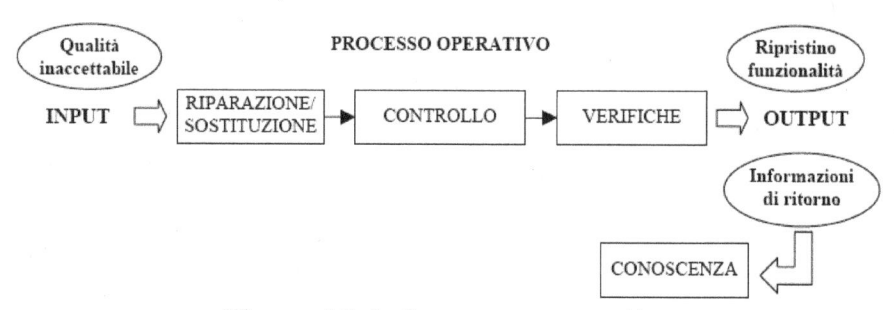

132 *Capitolo IV Ingegneria della manutenzione e Global Service*

Figura 4.2.4: il processo operativo

Il processo organizzativo, utilizza invece tecniche e strumenti di analisi in grado di fornire un supporto tecnico-gestionale alla pianificazione degli interventi con l'obiettivo di rendere sempre più efficiente il sistema manutentivo, ottimizzando le risorse e migliorando la sicurezza e la qualità. Occorre rilevare che la visione tecnicistica della manutenzione, caratteristica degli anni '80 espressamente legata alla variabile tempo ed indirizzata ad anticipare il guasto, è stata oggi sostituita da un approccio che mira a privilegiare gli aspetti organizzativi e si concentra soprattutto sulle conseguenze dei possibili guasti coinvolgendo nel processo tutti gli interessati.

Stabilite le conseguenze di ogni guasto, è possibile disporre le azioni preventive o accettare una manutenzione a guasto avvenuto, nell'ipotesi che gli effetti in termini di costi e di sicurezza non compensino i costi di manutenzione aggiuntivi. In figura 3.2.5 viene schematizzato il processo organizzativo.

Figura 4.2.5: il processo organizzativo

Il processo conoscitivo comprende molto sinteticamente le attività illustrate in Figura 4.2.6:

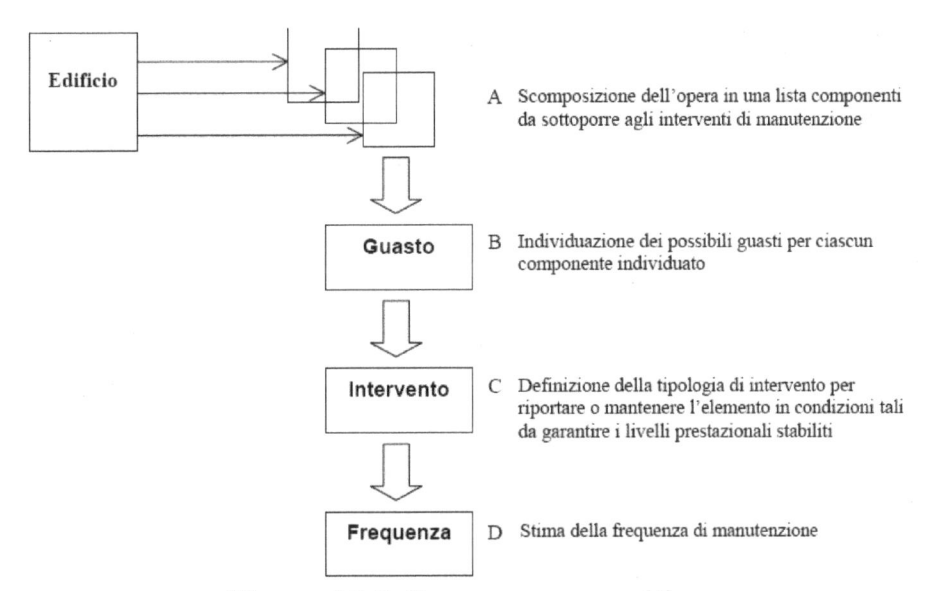

```
Edificio  →  ☐      A  Scomposizione dell'opera in una lista componenti
                      da sottoporre agli interventi di manutenzione

        ⇩

    Guasto          B  Individuazione dei possibili guasti per ciascun
                      componente individuato

        ⇩

    Intervento      C  Definizione della tipologia di intervento per
                      riportare o mantenere l'elemento in condizioni tali
                      da garantire i livelli prestazionali stabiliti

        ⇩

    Frequenza       D  Stima della frequenza di manutenzione
```

Figura 4.2.6: il processo conoscitivo

L'individuazione dei componenti è in genere stabilita attraverso una rigorosa scomposizione gerarchica su base funzionale secondo il modello UNI e spesso si spendono molte energie e risorse per riportare tutto ciò che è possibile conoscere dell'opera. Il rischio è di appesantire il processo con informazioni superflue rispetto agli scopi, nel senso che molti dati possono avere uno scarso peso rispetto all'analisi delle prestazioni e al comportamento dei componenti nei confronti degli agenti sollecitanti. Molto interessante, per esempio, è il concetto di "insiemi manutentivi" espresso dalla UNI 1874 del 2000 nella quale si sottolinea l'importanza di considerare simultaneamente quei componenti "che possono essere oggetto di interventi manutentivi unitari". La fase D rappresenta certamente il segmento più complesso dell'intero processo ed anche il luogo d'incontro delle problematiche di manutenibilità e durabilità. La difficoltà a stabilire con esattezza il tempo durante il quale un componente conserva prestazioni accettabili è evidenziata dal fatto che il manuale di manutenzione non è inteso staticamente ma come strumento in progress che mediante "informazioni di ritorno", regola la frequenza degli interventi. In figura 4.2.6 viene illustrato il processo di controllo del decadimento prestazionale:

PROCESSO DI CONTROLLO DEL DECADIMENTO PRESTAZIONALE

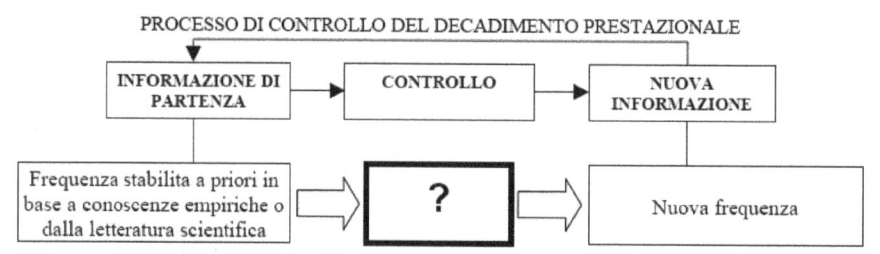

Figura 4.2.7: processo di controllo del decadimento prestazionale

Questa impostazione presenta lo svantaggio di non fornire indicazioni sulla natura del processo e le informazioni acquisite restano valide per il singolo caso considerato. Lasciando ferma questa metodologia, che certamente rappresenta il modo migliore per ottenere dati certi da manipolare successivamente con tecniche proprie della statistica, resta da esplorare l'eventualità che esistano, in altri campi, metodi, modelli e strumenti utili per migliorare a priori questa stima e per comprendere più a fondo il processo.

In conclusione possiamo affermare che sussistono due metodi di approccio allo studio della manutenzione e all'applicazione di contratti di esternalizzazione tipo Global Service: un primo modello che chiameremo "analitico" ed un secondo che chiameremo, genericamente "empirico". Il modello "analitico" è quello basato sull'Ingegneria della Manutenzione, cioè su un processo di ricerca e di studio sistematici di un problema, che si conclude con la definizione, sulla base dei risultati di un processo di analisi, di un modello di comportamento di una determinata realtà al variare delle condizioni di contorno. Questo modello si traduce in un insieme di regole da seguire per l'esecuzione di una specifica attività. Il modello "empirico", è invece quello basato su un processo di apprendimento che deriva le regole in questione (o i suggerimenti per il miglioramento di regole esistenti) a partire da esperienze dirette, siano esse positive o negative. Il modello analitico procede, generalmente dall'alto verso il basso (secondo le regole della Work Breakdown Structure): definizione di obiettivi, successiva specializzazione in sotto obiettivi, strutturazione sempre più dettagliata di regole di comportamento. Quello empirico dal basso verso l'alto, con l'astrazione e la generalizzazione progressiva di regole operative e di comportamento sulla base di fatti ed eventi specifici.

È chiaro dunque che la strada da seguire, viste le potenzialità cognitive che il genere umano ha sviluppato attraverso le scienze e l'ingegneria, non può che essere rappresentata dal modello analitico, in quanto al giorno d'oggi si afferma con sempre maggiore valenza il concetto che il progresso collettivo della società ed il progresso individuale di una persona (o di una singola organizzazione aziendale) si basa su importanti programmi di ricerca sviluppati da reti di persone che si dedicano a pensare, programmare e sperimentare nuovi sistemi con un approccio analitico e sistematico.

Ed è per questo, in sintesi, che l'opportuna interazione tra l'IDM e il contratto di GS diviene motivo fondante per una strategica e razionale filosofia gestionale dei patrimoni immobiliari.

Conclusioni

Il Comitato di Certificazione per l'Ingegneria e la Tecnologia (Accreditation Board for Engineering and Tecnology), con sede negli U.S.A., afferma che l'ingegneria *"è la professione in cui la conoscenza delle scienze matematiche e naturali, acquisita attraverso lo studio, l'esperienza e la pratica viene applicata in modo razionale per sviluppare sistemi atti a sfruttare in modo economicamente conveniente la materia e le forze della natura a vantaggio del genere umano"*. Da questa definizione possiamo dedurre che un ingegnere, e in particolare se si occupa di manutenzione, utilizza le proprie conoscenze per ideare nuove soluzioni che devono risultare economicamente convenienti.

Nella realizzazione di un intervento di manutenzione risulta importante l'ottenimento di un risultato qualitativamente e tecnicamente valido, nel rispetto del miglior rapporto fra i benefici e i costi globali sostenuti. La pianificazione della manutenzione deve pertanto essere improntata a principi di minimizzazione dell'impegno di risorse materiali non rinnovabili e di massimo riutilizzo delle risorse naturali impegnate dall'intervento.

La massima manutenibilità e relativa durabilità dei materiali e dei componenti, la sostituibilità degli elementi costruttivi, la compatibilità dei materiali ed l'agevole controllabilità delle prestazioni dell'intervento nel tempo, sono gli elementi fondanti per l'attuazione di una razionale quanto produttiva politica manutentiva che permetteranno di mantenerne nel tempo la funzionalità, le caratteristiche di qualità, l'efficienza ed il valore economico del patrimonio immobiliare.

L'Analisi e il controllo della situazione tecnica, economica nonché gestionale garantirà l'innesco di un processo di miglioramento continuo, mentre la definizione di obiettivi chiari, semplici e raggiungibili, dei rispettivi indici di riferimento e del metodo attraverso il quale monitorare l'andamento del processo, permetterà analisi oggettive e puntuali su come la funzione manutenzione si evolve.

Il costo rimane un importante metodo per valutare l'efficienza, ma altri indici risultano essere altrettanto importanti per analisi più puntuali e di dettaglio. Come per ogni altra funzione aziendale, misurare e valutare è lo strumento migliore sia per ottenere risultati, quanto per indirizzare e motivare.

L'Ingegneria della Manutenzione, in tale contesto, dovrà garantire il miglioramento continuo, attraverso l'integrazione delle metodologie e degli strumenti innovativi e quindi interagire, come più volte sottolineato, con i contratti di outsourcing nell'ambito della terziarizzazione della gestione manutentiva immobiliare.

È importante sottolineare infine che, oggi più di ieri, la manutenzione è diventata ad alto contenuto tecnologico, ma il suo sviluppo passa e passerà sempre di più attraverso la valorizzazione delle risorse umane, in termini di competenze, organizzazione, sicurezza motivazione e formazione, in una parola sviluppo professionale. Pertanto, ritornando nel campo di applicazione di un Contratto di Global Service, che vede coinvolti da un lato la Pubblica Amministrazione nel ruolo di Committente e dall'altro il privato nel ruolo di Assuntore, le specifiche competenze professionali di entrambi i soggetti devono essere tali da garantire le opportune conoscenze indispensabili per il raggiungimento degli obiettivi prefissati. Per ottenere questo occorre procedere attraverso l'attuazione di una politica di alta formazione professionale, alla quale dovranno uniformarsi necessariamente sia il Committente quanto l'Assuntore.

Il contratto di terziarizzazione evoluto, tipo Global Service, se applicato in assenza di uno specifico studio preliminare e di una giusta programmazione risulterebbe astratto dalle reali necessità ed esigenze del Committente, sarebbe subito dallo stesso (come spesso accade) e non produrrebbe quei miglioramenti in termini di efficacia ed efficienza che dovrebbero caratterizzarlo. Allo stesso modo la disciplina dell'Ingegneria della Manutenzione, se non applicata concretamente e soprattutto se non supportata dal contratto di outsourcing, risulterebbe anch'essa ideale e teorica e vanificherebbe quindi le enormi proprie potenzialità in termini tecnico-economici e scientifici.

Appendice A
Glossario

I termini esplicitati nel presente Glossario sono quelli che più frequentemente si riscontrano in un processo di interazione tra la disciplina dell'Ingegneria della Manutenzione e un contratto in Global Service. Alcuni di essi sono stati specificati in base alle indicazioni ed alle linee di riferimento contenuti nelle Norme UNI, altri sono già stati definiti nelle apposite note a margine delle pagine dei Capitoli, nonché all'interno del Contratto di Global Service "tipo" riportato al Capitolo 3, par.3.2, all'art.1.

Anagrafe:
rilievo degli immobili, degli impianti e del loro relativo stato manutentivo comprendente le fasi di reperimento, organizzazione e archiviazione dei dati.

Appalto:
la gara con la quale l'Amministrazione Committente individua il soggetto cui affidare la gestione del patrimonio.

Assuntore:
soggetto che assume un Global Service manutentivo (per un immobile o un patrimonio immobiliare) attraverso uno specifico contratto.

Audit Aziendale:
è una figura selezionata tra le risorse umane dell'azienda che ha il compito di "fotografare" la situazione aziendale per le successive analisi di valutazione dell'impegno economico, tecnologico e umano, inoltre le informazioni assunte dall'Audit sono utili per fare fronte all'impatto che nel suo complesso l'azienda esercita sull'ambiente con cui si rapporta.

Base dati:
complesso di dati alfanumerici distribuiti in archivi omogeni e correlati tra loro.

Bathtub curve:
si ipotizza frequentemente che l'andamento del tasso di guasto per un oggetto nel tempo sia descritto da una curva a vasca da bagno che riporta in ascissa il tempo e in ordinata il tasso di guasto.

Benchmarking:
processo, continuo e sistematico, di misurazione e di confronto di prodotti, servizi, funzioni, processi aziendali, con parametri di riferimento interni o esterni, per verificare lo stato di salute della propria azienda.

Beni immobili:
sono beni immobili il suolo, le sorgenti, i corsi d'acqua, gli edifici e le altre costruzioni, anche se unite al suolo a scopo transitorio e, in genere, tutto ciò che è naturalmente o artificialmente incorporato al suolo.

Beni mobili:
sono beni mobili tutti i beni non qualificabili immobili in quanto non incorporati al suolo, né naturalmente, né artificialmente.

Beni patrimoniali:
i beni patrimoniali sono beni appartenenti allo Stato, Regioni, Province e Comuni che si distinguono dai beni demaniali.

Business Process Reengineering BPR:
termine che indica un radicale intervento di ristrutturazione organizzativa, volto a ridefinire i processi aziendali, facendo leva sull'analisi del valore delle attività che li costituiscono, in questo modo è possibile misurare il reale valore che le attività (e quindi i processi) aggiungono all'organizzazione in termini di produttività.

Capitolato Speciale:
documento che riporta le condizioni generali del contratto di appalto, in esso il Committente descrive i beni oggetto del "Global service di manutenzione", le proprie richieste, i modi per verificare il soddisfacimento delle richieste, i criteri con cui trattare le eventuali variazioni qualitative o quantitative dei beni ed avanzare proposte di manutenzione migliorativa.

Capo Progetto:
il rappresentante dell'Assuntore che si assume la responsabilità tecnica ed operativa dei servizi erogati e che ha il compito di gestire il rapporto contrattuale con il Committente.

Ciclo del Miglioramento Continuo:
ciclo di attività ricorrente mirata ad accrescere la capacità del Sistema di soddisfare i requisiti. Consiste nella sistematica applicazione di un ciclo, il ciclo di Deming basato sulle fasi di identificazione delle esigenze, pianificazione delle operazioni, attuazione di quanto pianificato, verifica dei risultati raggiunti e azione di revisione della pianificazione, se necessario (Plan-Do-Check-Act).

CMMS (Computerized Maintenance Management System, ovvero Sistema di Gestione Informativa della Manutenzione):
Sistema informativo utilizzato come strumento per la progettazione, la gestione ed il controllo della manutenzione.

Committente:
soggetto che appalta un Global Service manutentivo (per un immobile o un patrimonio immobiliare) attraverso uno specifico contratto.

Componente ambientale:
parte spaziale o funzionale di un edificio.

Componente tecnologica:
parte edilizia o impiantistica di un edificio.

Contratto di Appalto:
il contratto stipulato tra il Committente e l'Assuntore per l'esecuzione dei servizi.

Contratto di manutenzione basato sui risultati (Global service):
contratto riferito ad una pluralità di servizi sostitutivi delle normali attività di manutenzione con piena responsabilità dei risultati da parte dell'Assuntore (UNI 10685).

Corrispettivo a canone o a forfait:
pagamento di servizi o lavori il cui costo è calcolato sulla totalità del servizio/lavoro stesso, detto anche corrispettivo a corpo.

Corrispettivo a misura:
pagamento di servizi o lavori il cui costo è calcolato secondo una data unità di misura (mc, ml, lt, kg, etc.).

Corrispettivo a constatazione:
pagamento di servizi o lavori il cui costo è calcolato, in mancanza di altro sistema di contabilizzazione, in base al tempo, ai materiali, ai noli utilizzati.

Customer Care:
servizi aziendale che ha l'obiettivo di garantire la massima soddisfazione dei rapporti tra l'ambiente esterno ed interno di una azienda e di conseguenza quello di fornire prodotti, soluzioni e servizi di elevata qualità.

Dead Stock:
termine che indica tutti quei materiali per i quali il livello di scorta non è mai sceso al di sotto di un certo valore in un determinato inter-

vallo di tempo (generalmente due anni).

Deming Cycle o Ruota di Deming:
è un modello studiato per il miglioramento continuo della qualità in un'ottica a lungo raggio, serve per promuovere una cultura della qualità che è tesa al miglioramento continuo dei processi e all'utilizzo ottimale delle risorse, partendo dall'assunto che per il raggiungimento del massimo livello di qualità è necessaria la costante interazione tra ricerca, progettazione, test, produzione e vendita, per migliorare la qualità e soddisfare il cliente, le quattro fasi devono ruotare costantemente, tenendo sempre come criterio principale la qualità.

Direzione del Progetto:
il personale dell'Amministrazione, che esegue l'alta vigilanza sul Progetto dei Lavori, coordinato dal Responsabile del Procedimento.

Documento di indirizzo preliminare:
certificato elaborato dal Committente contenente gli esiti della verifica che ha condotto alla scelta del contratto di Global Service.

Entità, elemento, bene:
ogni componente o unità funzionale che possa essere considerato individualmente.

Esternalizzazione:
processo attraverso cui un Committente affida ad un soggetto esterno uno o più servizi manutentivi relativi ad un edificio o a un patrimonio immobiliare.

Facility Management:
Global Service applicato prevalentemente ai servizi di supporto di complessi ad uso civile ed uffici con gestione diretta totale o parziale dei servizi stessi.

FMECA (Failure Mode, Effects & Criticality Analysis, ovvero MAGEC, Analisi dei Modi di Guasto e delle Criticità):
strumento di analisi, basato sul lavoro in team, che permette di racco-

gliere ed elaborare informazioni sui componenti critici di un'apparecchiatura e pianificare gli interventi di manutenzione.

Global Outsourcing:
gestione integrata e ottimizzata del sistema degli appalti per servizi di supporto per una entità complessa civile, uffici o industriale.

Global Service:
contratto riferito alla pluralità di servizi sostitutivi delle normali attività di manutenzione, con piena responsabilità sui risultati da parte dell'assuntore.

HAZOP (Hazard & Operability Analysis, ovvero Analisi del Rischio e della Operatività):
tecnica di individuazione degli eventi incidentali possibili utilizzata nel processo di analisi dei rischi tramite cui si valuta il grado di sicurezza e affidabilità di una macchina valutando le possibilità di incidenti, le probabilità di accadimento e e le possibili conseguenze, utilizzata per sistemi in cui i malfunzionamenti siano dovuti a combinazione di eventi o a variazione di parametri fisici, ad esempio di processo.

IDM (Ingegneria di Manutenzione):
come disciplina si occupa della la progettazione, la gestione ed il controllo ottimale del Sistema Manutenzione, mentre come funzione operativa ha come obiettivo la progettazione, la gestione ed il controllo del Sistema Manutenzione.

Immobile:
singolo edificio o complesso di edifici, oggetto di manutenzione.

Just in time:
l'idea del just in time si basa sul produrre al momento giusto, quando serve e non perché servirà, e questo al minor costo, eliminando gli sprechi e tutto ciò che non porta valore aggiunto, la Lean Production, letteralmente produzione snella, è la forma più attuale di produzione di origine nipponica che utilizza gli strumenti della qualità totale e del just in time.

Know how:
insieme delle conoscenze tecniche, delle informazioni e dei processi necessari per la produzione di un qualsiasi bene e/o servizio.

KPI (Key Performance Indicator, ovvero Indicatori di Prestazione):
indicatori delle prestazioni del sistema, che utilizzano dati manutentivi e non, volti a misurare e controllare la salute del Sistema Manutenzione.

Layout:
termine che in economia indica l'organizzazione e la configurazione di un dato magazzino, atto a minimizzare i costi e i tempi di produzione per avere il prodotto finito nei massimi termini del concetto di efficacia ed efficienza.

LCC (Life Cycle Cost Analysis, ovvero Analisi del Costo del Ciclo Vitale):
procedimento oggettivo di valutazione del costo globale del ciclo di vita di un sistema o elemento dalla concezione alla sua alienazione, comprendente quindi non solo l'investimento iniziale, ma costi di ricerca & sviluppo, di produzione, di operazione e manutenzione (compresi quelli occulti associati a mancata produzione causa guasto) e di radiazione. Permette, tra l'altro, di identificare e valutare opportunità di miglioramento.

Lean Production:
il concetto base della Lean Production è che la complessità è in sé un costo riferibile alle spese generali, occorre, dunque, riconsiderare in modo globale l'intero processo produttivo, coinvolgendo nel processo decisionale, fin dal primo momento, tutte le funzioni presenti in un'azienda.

Manutenzione:
azioni tecniche, amministrative e gestionali volte a riportare o mantenere un'entità immobiliare in uno stato esecutivo.

Manutenzione correttiva o a guasto:
manutenzione eseguita a seguito della rilevazione di un'avaria e volta a riportare un'entità nello stato in cui essa possa eseguitre una funzione richiesta (UNI EN 13306).

Manutenzione Migliorativa:
insieme delle azioni di miglioramento o piccola modifica che non incrementano il valore patrimoniale dell'entità (UNI).

Manutenzione ordinaria:
la manutenzione ordinaria consiste nel riparare e rinforzare parti della struttura, delle murature e della copertura di un edificio. Riparare e sostituire le finiture interne delle costruzioni, installare serramenti, installare e spostare pareti mobili. Viene considerata manutenzione ordinaria la riparazione e sostituzione degli infissi, la periodica manutenzione dei tetti e dei lastrici solari, interventi di manutenzione del verde e degli impianti tecnologici.

Manutenzione Predittiva o su condizione:
manutenzione preventiva effettuata a seguito dell'individuazione e della misurazione di uno o più parametri e dell'estrapolazione del tempo residuo prima del guasto (UNI).

Manutenzione preventiva:
manutenzione seguita a intervalli predeterminati o in base a criteri prescritti e volta a ridurre la probabilità di guasto o il degrado del funzionamento di un'entità (UNI EN 13306).

Manutenzione produttiva:
insieme di azioni volte alla prevenzione, al miglioramento continuo e al trasferimento di funzioni elementari di manutenzione al conduttore dell'entità, avvalendosi del rilevamento dei dati e della diagnostica (UNI).

Manutenzione programmata:
manutenzione preventiva eseguita in base a un programma temporale

o a un numero stabilito di grandezze (UNI EN 13306).

Manutenzione straordinaria:
consiste nel realizzare interventi riguardanti il consolidamento, il rinnovamento e la sostituzione di parti delle strutture delle costruzioni e/o sostituzione integrale di impianti tecnologici.

Offerta:
l'offerta tecnica ed economica con cui il potenziale Assuntore propone di fornire o svolgere un servizio di manutenzione in appalto al potenziale Committente.

On Line Analytical Processing OLAP:
insieme di tecniche software per analizzare velocemente grandi quantità di dati, anche in modo complesso, questa componente tecnologica base serve, tra l'altro per analizzare l'andamento dei costi.

Outsourcing:
esternalizzare alcune fasi del processo produttivo, cioè ricorrere ad altre organizzazioni per il loro svolgimento e compimento.

Patrimonio immobiliare:
complesso di immobili appartenenti alla stessa persona fisica o giuridica.

PdM/PdMP (Piani di Manutenzione Programmata):
insieme degli interventi previsti da effettuare sulle entità oggetto di manutenzione (UNI).

Piano di manutenzione:
serie strutturata di impegni che comprendono le attività, le procedure, le risorse e il tempo necessario per eseguire la manutenzione (UNI EN 13306).

Piano della Qualità:
il piano della qualità del Progetto, che l'Assuntore dovrà preparare prima dell'avvio delle sue attività.

Politiche Manutentive:
ciascuna delle diverse tipologie di manutenzione riconosciute (Correttiva, Migliorativa, Predittiva, Preventiva) tra cui vengono assegnate le risorse di sistema disponibili, l'ottimizzazione di tale assegnazione è obiettivo primario di una corretta Ingegnerizzazione di un Sistema di Manutenzione.

Product out:
nel decennio compreso tra gli anni '70 e '80 la qualità era considerata un costo e quindi le aziende operavano in logica di "product out", concependo prodotti e servizi sulla base di proprie valutazioni su cosa poteva essere appetibile da parte del mercato e stabilivano autonomamente i livelli di performance qualitativa accettabile dal cliente.

Progetto Generale:
il Progetto di sviluppo e svolgimento dei servizi, con cui l'Assuntore descrive le politiche e i piani di manutenzione che intende applicare e l'organizzazione che intende darsi.

Progetto Specifico:
il progetto dei lavori e delle installazioni che l'Assuntore deve redigere per ogni singola attività.

Programma degli Interventi:
il documento redatto dall'Assuntore per procedere all'espletamento di servizi eventuali.

Programma di manutenzione:
documento programmatico nel quale sono indicati gli specifici periodi temporali durante i quali un determinato lavoro di manutenzione deve essere eseguito (UNI EN 13306).

Project control:
il sistema adottato dall'Assuntore per controllare la regolare esecuzione della commessa.

Proposta di offerta:
progetto proposto (a seguito di una specifica richiesta di offerta) da un potenziale assuntore per la fornitura di un Global Service a determinate condizioni contrattuali.

R.C.A. (Root Cause Analysis, ovvero analisi della causa prima del guasto):
metodologia di analisi del guasto volta a determinarne le cause non solo nell'ambito manutentivo, ma anche progettuale ed operativo.

RCM (Reliability Centered Maintenance):
gestione manutentiva incentrata sulla regolarità e fidatezza di funzionamento.

Responsabile della Gestione (del Contratto):
la persona incaricata dall'Amministrazione Committente per la gestione e il controllo dell'appalto.

Servizi:
il complesso delle attività indicate nel Capitolato speciale, nonché le prestazioni aggiuntive offerte dal potenziale Assuntore ed accettate dal Committente

Sistema di Manutenzione:
struttura organizzativa, responsabilità e risorse, processi e procedure, necessarie ad attuare la strategia di manutenzione (UNI).

Sistema di Servizi:
l'insieme dei servizi di supporto di complessi ad uso civile ed uffici.

Sistema informativo:
strumento di supporto decisionale e operativo costituito da banche dati, procedure e funzioni finalizzate a raccogliere, archiviare, elaborare, utilizzare ed aggiornare le informazioni necessarie per l'impostazione, l'attuazione e la gestione del servizio di manutenzione (UNI 10951).

SMED:
è una metodologia integrata nella teoria della Lean Production volta alla risoluzione dei tempi di attesa.

Standard di qualità:
livelli di qualità prestazionale prefissati dal Committente che l'assuntore deve assicurare

Standard di servizio:
caratteristiche, frequenza e modalità di esecuzione degli interventi manutentivi che l'assuntore deve assicurare in funzione degli standard di qualità richiesti dal Committente.

Stato fisico:
livello di condizione fisica di un'entità.

Stato manutentivo:
livello di manutenzione di un'entità.

Stato prestazionale:
processo di valutazione della qualità del Sistema Manutentivo di un'Azienda, tramite la raccolta dei dati, la loro elaborazione e la produzione di un rapporto che evidenzi risultati e possibili azioni di miglioramento.

Stock:
materiali giacenti in magazzino.

Terotecnologia:
terminologia diffusasi negli anni '70 associata alla manutenzione stradale, diventata in seguito scienza della conservazione, è in sintesi una disciplina che tende all'ottimizzazione dell'attività di manutenzione dei beni fisici di un'azienda per ridurre i costi d'esercizio.

Terziarizzazione:
trasferimento all'esterno di attività che non rientrano nel concetto e nel principio del core business, si realizza in vari modi tra i quali as-

sume rilievo l'outsourcing.

Turnaround:
fermata generale di manutenzione con sospensione dei processi produttivi.

Unità Operativa:
unità organizzativa locale di manutenzione.

Work Breakdown Structure (W.B.S.):
letteralmente Struttura Analitica di Progetto, si tratta di una metodologia che segue i principi della scomposizione funzionale, in cui vengono elencati in ordine gerarchico tutti gli elementi che costituiscono un determinato elemento da analizzare. Nel settore privato gestionale le W.B.S. vengono usate nella pratica del Project management e coadiuvano il project manager nell'organizzazione di tutte le attività di cui è responsabile.

Appendice B
Riferimenti legislativi

Testo Unico della Sicurezza, Decreto Legislativo 9 aprile 2008 n.81

Disposizioni, integrazioni e correttive al DLgs 81/08, Decreto Legislativo 3 agosto 2009 n.106

Codice dei Contratti, Decreto Legislativo 12 aprile 2006 n.163

Legge Quadro in materia di lavori pubblici, Legge 11 febbraio 1994 n. 109.

d.P.R. 5 ottobre 2010, n. 207 - *Regolamento di esecuzione ed attuazione del Decreto legislativo 12 aprile 2006, n. 163, recante «Codice dei contratti pubblici relativi a lavori, servizi e forniture in attuazione delle direttive 2004/17/CE e 2004/18/CE».*

Uniedil 2000

UNI 8290-1:1981, *Edilizia residenziale. Sistema tecnologico. Classificazione e terminologia.*

UNI 8290-2:1987, *Edilizia residenziale. Sistema tecnologico. Analisi dei requisiti.*

UNI 8290-3:1986, *Edilizia residenziale. Sistema tecnologico. Analisi degli agenti.*

UNI 9038:1987, *Guida per la stesura di schede tecniche per prodotti e servizi*

UNI 10722-1:1988, *Qualificazione e controllo del progetto edilizio di nuove costruzioni.*

UNI 10838:1999, *Terminologia riferita all'utenza, alle prestazioni, al processo edilizio e alla qualità edilizia.*

UNI 10831-1:1999, *Documentazione ed informazioni di base per il servizio di manutenzione da produrre per i progetti dichiarati eseguibili ed eseguiti - Struttura, contenuti e livelli della documentazione.*

UNI 10831-2:2001, *Documentazione ed informazioni di base per il servizio di manutenzione da produrre per i progetti dichiarati eseguibili ed eseguiti - Articolazione dei contenuti della documentazione tecnica e unificazione dei tipi di elaborato.*

UNI 10874:2000, *Criteri di stesura dei manuali d'uso e di manutenzione*

UNI 10998:2002, *Archivi di gestione immobiliare - Criteri di costituzione e cura*

Bibliografia

AA.VV., Salone delle Autonomie Locali, *Global Service negli Enti Locali, gestione alternativa del Patrimonio Pubblico*, Atti del Convegno, Modena, X Incontro Annuale di Comuni, Provincie e Regioni, 2000.

Bellanti G., *Economia e Gestione delle Impresa*, Torino: UTET, 1993.

Brealey R.A., Myers S.C. e Sandri S., *Principi di Finanza Aziendale*, Milano, McGraw-Hill, 2003.

Fornaro G., *Modelli per la gestione e manutenzione delle opere di architettura. Possibili applicazioni dell'analisi dei sistemi dinamici alla previsione e valutazione della curabilità*, Dottorato di Ricerca, Napoli, Università degli Studi di Napoli Federico II, 2005.

Furlanetto L., Goretti M. e Macchi M., *Principi Generali di Gestione della Manutenzione*, Milano, Franco Angeli, 2006.

Guidoreni F. e Marsocci L., *Global Service: Manutenzione e Facility Management*, Roma, DEI, 2003.

Manfron V. e Siviero E., *Manutenzione delle Costruzioni*, Torino, UTET, 1998.

Mannucci L., *Ingegneria della Manutenzione nell'ambito del Global Service*, Tesi di Laurea, Pisa, Università degli Studi di Pisa, 2006.

Pausini D., *Economia e Organizzazione Aziendale*, Dispense Didattiche; Roma, Università degli Studi di Roma Guglielmo Marconi, 2005.

Solustri C., *La Gestione Integrata dei Patrimoni Immobiliari*, Pozzuoli (Na), Se Sistemi Editoriali, 2003.

Sullivan W.G., Wicks E.M. e Luxthoi J.T., *Economia Applicata all'Ingegneria*, Milano, Pearson Education, 2006.

Turchi E., *Economia Applicata all'Ingegneria*, Dispense Didattiche, Roma, Università degli Studi di Roma Guglielmo Marconi, 2006.

Turchi F., *Economia e Gestione delle Imprese*, Dispense Didattiche, Roma: Università degli Studi di Roma Guglielmo Marconi, 2005.

Risorse biblio on-line

www.aiman.com
Associazione Italiana Manutenzione

www.manutenzione-online.com/Articles/march2006/Art4.pdf
Outsourcing del servizio di manutenzione

www.dis.uniroma1.it/~mannino/corsi/progetti/cap1_introduzione.pdf
Ottimizzazione nella gestione dei progetti

www.edilio.it/news/edilionews.asp?tab=Notizie&cod=5866
Verso la programmazione dei costi e dell'efficienza

www.edilio.it/news/edilionews.asp?tab=Notizie&cod=7294
Manutenzione e contratti: il Global service

www.gs-m.it/documenti/global_service_della_citta.pdf
Global Service di Manutenzione dei Beni Pubblici

www.gs-m.it/documenti/iv_convegno_sim_maggio_2005_cattaneo.pdf
Mantenere per competere

www.gs-m.it/documenti/manutenzione_in_tempi_di_crisi.pdf
La Manutenzione in tempi di crisi. Eliminare gli sprechi e mantenere un elevato livello di servizio senza pesare sul budget e sui costi

www.pacifici.com/global_serv1.pdf
Principi del Global Service Manutentivo

www.terotec.it
Laboratorio per l'Innovazione della Manutenzione e della Gestione dei Patrimoni Urbani e Immobiliari

www.manutenzione-online.com/Articles/june2006/Art1.pdf
Politiche manutentive volte alla creazione di valore

www.cmblog.gs-m.eu/default.aspx
Blog dell'Ing.Maurizio Cattaneo

www.manutenzione-online.com/Articles/december/Art1.pdf
Ingegneria, esercizio e manutenzione

www.fedoa.unina.it
Università degli Studi di Napoli "Federico II"

www.etd.adm.unipi.it
Università degli Studi di Pisa

Finito di stampare nel mese di Luglio 2015
per conto di Youcanprint *self - publishing*